飛田和緒の10年もの
飛田和緒 著

はじめに

朝、顔を洗って、歯を磨いたついでにサッと洗面台を拭き、鏡を磨く。私の日課です。ピカピカの鏡はとっても気持ちよく、すっきりと一日のスタートがきれます。

　一人暮らしを始めて22年、結婚して家族ができて15年。親元を離れてずいぶんと時間がたちましたが、今頃になってやっと自分の暮らしが見えてきました。20代は自分を飾ることに一生懸命だった頃。心は外へ外へと向いていました。当時の自分の部屋はどんよりとしていてだらしがないものでした。見た目重視だったり、誰かにいいよって言われると、それにすぐ飛びついてみたり。自分の目線がなかったし、ものを大切に長く使いたいって思うところもなかった。今思えば、まったく余裕のない生活だったのです。

　けれど人は変わるものですね。遅すぎる話かもしれませんが、30代も半ばにさしかかったくらいから、やっと自分の生活スタイルが身についてきました。きちんと自分に向き合って、身の丈に合った暮らしをすることのほうがずっとかっこいいと思うよ

うになったのです。自己満足の世界ですけれど。それでもいい。毎日手にとるもの、身につけるものを心底大切にしていると、おのずと自分も磨かれるような気がしてきます。例えば料理道具。包丁、まな板、お鍋がどんなものであろうと料理を作る自信はあります。ただ長い間ずっと使うとなると話は別。使い勝手のいい道具のほうが、より手早く、手間なく調理が進みますし、祖母や母から譲り受けたものは、それを手にとるたびになんともやさしい気持ちになったりもします。そのものの背景や歴史にふれることで、またあらたな姿が見えてきます。好きな道具に囲まれていると楽しく台所仕事ができるのです。

　思えばうちの祖母がそうでした。捨てられない性分だったのかもしれませんが、古い着物や器をひとつひとつとてもていねいに扱っていました。そのおかげか、祖母から譲り受けたものがたくさんあり、それらはうちの中でも大切な存在となっています。

　毎日をしみじみ愛すること。これは私の永遠のテーマかもしれません。それにしてもしみじみってとてもあったかで、大好きな言葉です。

飛田和緒

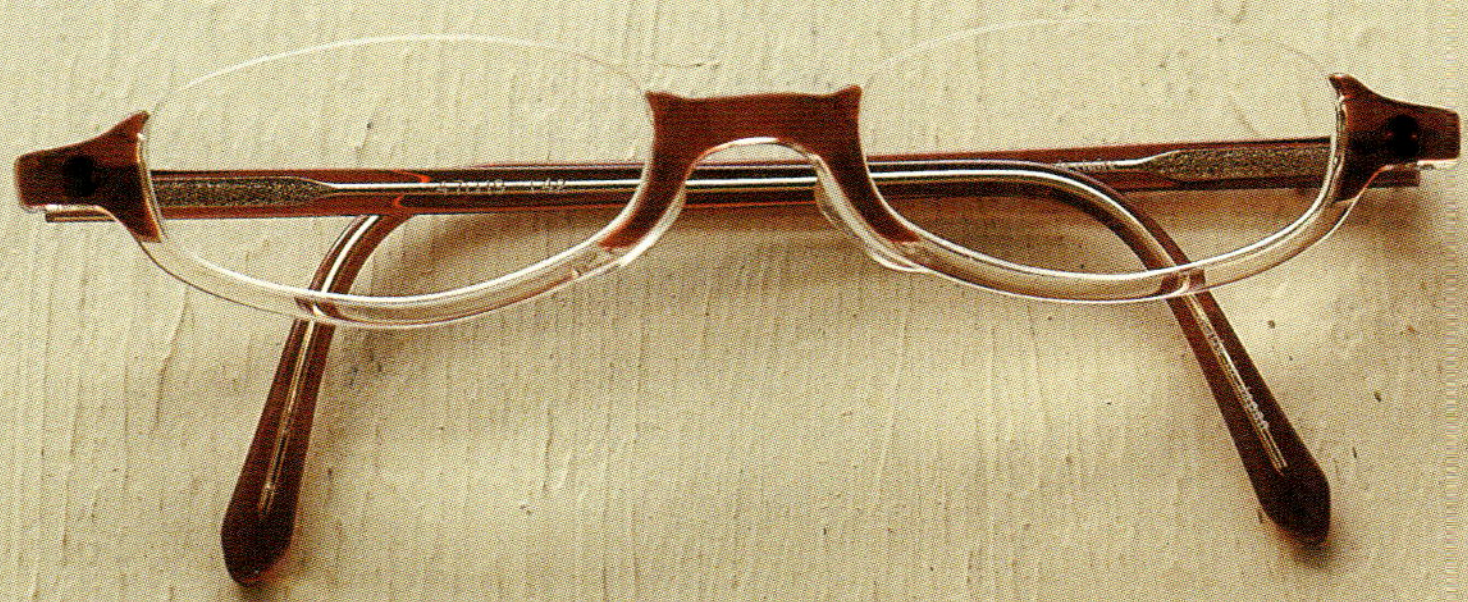

目次

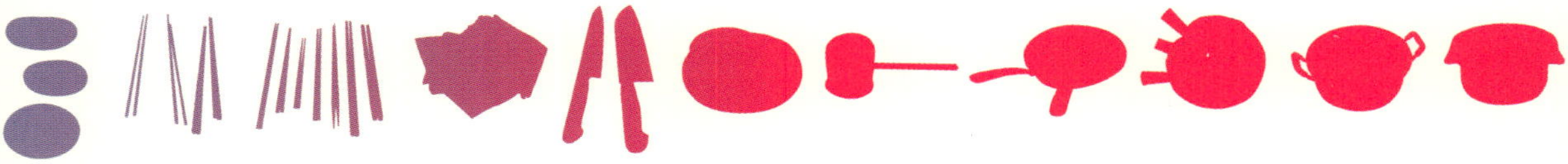

飛田和緒の10年もの

※この本に掲載された商品の価格・取扱先は2004年2月1日現在のものです。表示価格は総額表示（税込）です。

1

毎食使う、ご飯鍋

「直火でご飯を炊くということの楽しさと幸せを教えてくれました」

このお鍋に出会ったときのことを、今でもはっきりと覚えています。お店に入った瞬間に、目に飛び込んできたこのお鍋に一目惚れ。これで早くご飯が炊きたくて、飛んで帰って、すぐさまご飯を炊いて食べたのです。そのときの感動といったら、直火で炊いたご飯の、なんと香りがよく艶やかで、そしてふっくらとしておいしいこと。自分の手で炊いたという実感からか、ことのほかしみじみおいしく感じるではありませんか。この日から私の人生が変わった、といっても言いすぎではありません。以来、ほとんど毎日このお鍋でご飯を炊いています。毎日炊き加減が違うのもご愛嬌。おかげでずいぶんと鍛えられました。今の私は、片手鍋でも、蓋がなくても、アウトドアでも、旅先のハワイやパリででも、いつでもどこでもお鍋でおいしいご飯が炊ける自信があります。たまたまあの日、私が出会ったのは雲井窯のご飯鍋でしたが、もしそれが別のお鍋でも、きっと同じように、お鍋でご飯を炊くことに悦びを感じていたことと思います。大切なのは、自分の手でご飯を炊くということ。そうすることで、ご飯がこんなにもいとおしく、おいしく感じられるなんて、とても幸せなことと思うのです。

我が家は夫とふたりですが、5合炊きのお鍋でご飯を炊きます。なぜなら、夫の大好物はチャーハン。冷凍ご飯は欠かせないのです。炊き上がったら手早く混ぜ、おこげの部分はそのままいただき、やわらかい部分を冷凍に。

・陶片木の檜の木蓋

お櫃効果がある木蓋は檜の香りが馨しく、見た目も可愛い。仕上がりがちょっとやわらかすぎたなと思ったら、すぐさまこれにチェンジ。木蓋¥3,990～6,090／陶片木

・米とぎボウル

深さがたっぷりあるのでとぎやすい。底に穴があいているので、ほどよく水がたまってしっかりとげて、しかも水きりもできるスグレモノ。米とぎボウル¥1,932／グランシェフ

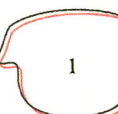

雲井窯のご飯鍋のこと

日本六古窯のひとつ、雲井窯は、文久元年、初代中川亀次郎氏が、京都清水に窯を築いて以来150年余り、焼きもの一筋に継がれてきた由緒正しい窯元。昭和に入り、良質の土を求めて、信楽の里に窯を移し、現在の当主、中川一辺陶氏で5代目。全国の有名料亭に土鍋や食器を納め、お茶の家元や主要寺院の御用窯でもある。そんなプロ仕様の鍋を家庭用に工夫して12年前に生まれたのが、このご飯鍋。独特の粘土で分厚く作ってあるので、炊き上がったご飯は甘みが際立ち、香りもよく、しっかりと粘り気がある究極の白飯。このお鍋でご飯を炊く楽しさとおいしさを知ってしまったら、もう電気炊飯器には後戻りできなくなる。

◎飴釉ご飯鍋　2合炊き￥29,400／雲井窯　＊他に黒楽、赤楽があり、サイズは3合炊き￥39,900、5合炊き￥45,150

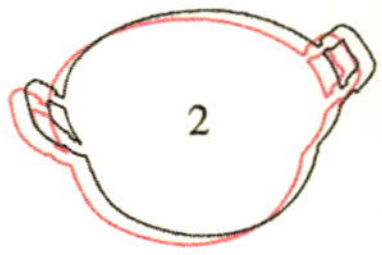

2

ほのぼの錦鍋

「見た目はあまりカッコよくはないけれど、これさえあれば、の万能鍋」

今まで何度となく「オススメ台所道具」のアンケートにイチ押しで答えてきたにもかかわらず、ことごとく取り上げてもらえず、日の目を見ることのなかったお鍋です。そりゃあ、見てくれはよくないかもしれませんが、この錦鍋はとても身軽で働き者です。なにしろ煮物や茹で物はすべてコレ。パスタだって茹でちゃいます。私はパスタをお箸で食べたりもするものですから、パスタが長いままである必然性はまったくない。パスタを半分に折れば、錦鍋でも十分茹でられるので、それでよいのではと思います。もちろん、かつてはパスタ専用鍋も持ってはいましたが、小柄な私には、あの鍋の上げ下ろし運動はかなりの負担。その上キッチンも狭いので、「〜専用鍋」を収納できるほどの余裕もなかったのです。道具ですから、自分の体や家に見合ったものであることは、とても大切なことと思います。また、錦鍋が台所にあるだけで、ほのぼのとした家庭を感じる、そののほほんとした見た目も、実はけっこう気に入っていたりします。そして忘れてはならないのが、あの軽さです。今はまだ、それほど気にはならないかもしれませんが、この先年を重ねていくにつれ、重いお鍋はかなりの負担になってくるはず。その点、錦鍋なら、おばあちゃんになっても安心して使えます。

錦鍋とおでん。お誂え向き、とはまさにこのこと。道具は、自分との相性ももちろんありますが、料理に見合ったものかどうか、ということも大切なのだとしみじみ思います。

鍋蓋がアルミの共蓋というのが、当時では画期的だったというのには驚きです。錦鍋は、「昔ハイカラ、今レトロ」の代表選手といえるのかもしれません。

昔はどこの家庭にもあったはず。お茶の間という言葉が健在で、キッチンというよりは台所、テーブルというよりは卓袱台のほうがしっくりくる風貌は、逆に今新鮮に感じます。

ツルマル印の錦鍋のこと

明治33年創業の日本アルミの社祖である高木鶴松氏の名に因んだ鶴のトレードマークでお馴染み「ツルマル印の錦鍋」が誕生したのは大正９年のこと。本社の所在地・大阪にある大阪城のことを錦城ということから、その名に因んで「錦鍋」と名づけられた。大きいものなら煮物もでき、ご飯も炊けて釜の代用にもなる上、当時の日本製の鍋蓋は木であったのが、錦鍋は外国製の鍋のようにアルミの共蓋だったことが評判を呼んだ。つまりは、当時ではかなりハイカラな鍋だったというわけだ。

◎錦鍋（純蓚酸アルマイト）径24×深11㎝　￥3,675／日本アルミ

3

取っ手のない雪平鍋

「焼け落ちて取っ手はないけれど、これが心底気に入っています」

お鍋の中でも雪平が大好き。蓋がないから不便、という方もいらっしゃいますが、お鍋ひとつひとつに蓋がなきゃ、という考えは、私の中にはまったくないのです。考えてみれば、私の料理というものが、さっと茹でる、さっと炒める、さっと煮る、といったお総菜が基本。つまりは、すぐに作れる普段のご飯なので、蓋の必然性をそんなには感じていないということでしょう。無論、私が大雑把な人間だ、ということが大前提なのですが(笑)。そう、その雑な性格のせいなのか、家には、手が焼け落ちてしまった「取っ手のない雪平」が3つもあります。「柄をおつけしますよ」とお店の方が親切に言ってくださったこともあるのですが、実はこれ、かなり気に入っているのです。もともと、お鍋の柄の根元のほうを持つ癖があるせいか、長い柄はかえって邪魔！ なくらいに感じていて、柄がとれてみると、「なんだこれ、最初からいらなかったんじゃない」とさえ思っているほどです。こんな性格ですから、京都で「やっとこ鍋」を見つけたときは、「そうそう、これよ～」と嬉しくなりました。最初からツルンとしているので、鍋としてだけでなく、大きなものは洗い桶やボウルに、小さなものは器にもなり、とても重宝しています。入れ子式の収納も魅力。

・プロ仕様のやっとこ鍋

最初に見つけたのは、注ぎ口のないツルンとしたタイプ。京都の工房でひょっこり見つけて、やっとこでつかんでみたら、これがなんとも使いよい。迷わずセットで買いました。スタイリストの伊藤まさこさんから「口付きタイプもあるのよ」と教えてもらい、今度は有次で大きいサイズのものを2つ追加しました。やっとこ鍋（口なし） 径12㎝￥3,780～径21㎝￥6,720／鍛金工房WEST SIDE33
やっとこ鍋（口付き） 径24.5㎝￥11,550～径26.5㎝￥13,125／有次

（11）

雪平鍋のこと

煮る・炒める・からめるとなんにでも万能に気軽に使える雪平鍋。本来は「行平鍋」と書くのが正しく、その名は、平安時代の歌人として知られる在原業平の兄・在原行平に由来する。行平が須磨で海女に潮を汲んで塩を焼かせたという故事にちなんで、取っ手と注ぎ口がついた塩を焼く陶製の平鍋のことを行平鍋と呼んでいた。ただ、現在のものはアルミやステンレスなどの金属製のものがほとんどで、この打出しの模様が雪のように見えることから「雪平鍋」と書くという説もある。

◎真ん中のものは、一人暮らしを始めるときに買った最初の雪平なので、もう20年選手。あとの2つは自由が丘のグランシェフで購入。
鍋の中身は真っ黒け、取っ手からは煙がモクモクという事件を経ても、今なお現役。

4

「卵料理が上手にできる」

小さいからこそ使い勝手のいいもの、というのがあります。フライパンもそのひとつ。直径18〜20㎝の小さなフライパンさえあれば、卵料理が確実にうまくできます。小さいだけでなく、ヘリが反っているのもポイント。返しやすく、そのままするべらせて器に盛り付けられるので、とても便利。オムライスなんて、嬉しくなるくらい素晴らしく作れます。ちなみにこれは、いずれもフッ素樹脂加工。

私の大好物が、この甘い卵焼き。卵4個に砂糖は大さじ1〜2。太白ごま油をたっぷり使って香り高くふんわり仕上げます。そのままスルリとすべらせて、お皿に盛って完成。

小さなフライパン

フッ素樹脂加工のこと

フッ素樹脂には「酸化しない」「こびりつかない」といったすぐれた特性があり、これを調理器具の表面加工に生かしたのは、1960年にデュポン社が商品化した「テフロン加工」のフライパンが最初。つまり、テフロンはデュポン社の登録商標＝デュポン社独自のブランドというわけ。もちろん、デュポン社のテフロン以外にも、フッ素樹脂加工はいろいろある。

◎上：トリオ・フライパン 径19㎝ ¥4,410／グランシェフ 下：ブローシュラインン・オムレツパン 径20㎝ ¥5,250／マスピオンジャパン

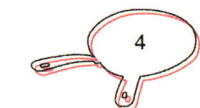

「少しだけ温めたいときに」

ホウロウの小鍋第一号は、パリの蚤の市で見つけた赤くて小さな子。少量のオイルやミルクを温めるのに、にんにくチップや焦がしねぎを作るのに、はたまたバターを溶かすのにと大活躍。でも、それを使うたび、この子にもしものことがあったら……といつも不安で胸がドキドキしていたのです。そんなとき、まるでウリ二つの、この白い鍋を見つけて、ホッと胸を撫で下ろしたものでした。

パリの蚤の市で見つけたホウロウの小鍋。確か100円くらいだったと思う。最初はツルンとキレイだったのだけれど、私はガスの火に直接この子をかけるので、こんなお焦げ姿に。

5

ホウロウの小鍋

ホウロウのこと

単色エナメルとも呼ばれるホウロウは、鉄やアルミなどの金属を下地にし、その上にガラス質の釉薬を高温で焼き付けたもの。表面がガラス質なので金属イオンが発生せず、料理の味を変えないので鍋などの調理器具にはうってつけ。酸やアルカリにも強いので、料理をそのまま鍋で保存できる点も便利だし、キズや汚れもつきにくく、お手入れも簡単。

◎バターウォーマー　径6.5×高7.5×持ち手11.5㎝　¥1,260／野田琺瑯　＊通信販売のみの取り扱い

6

丸いまな板

「クルクル回しながら使えるのでとても便利で、ハマッています」

なにしろ一日中台所にいるものですから、何かちょっとした変化があるだけで嬉しくて、俄然やる気が湧いてきたりするから不思議。そんなことって、ないですか？このまな板にしたってそう。別に「まな板は絶対に丸じゃなくちゃ駄目」というわけではありません。でも、まな板が、ただ長方形から丸になるだけで、気分がウキウキして、無性に何かが切りたくなる。そして実際に使ってみると、なるほど、と思うことがいくつもありました。私はまな板の上で切ったものを、いちいちバットに移したくない、すべてをまな板の上で完結させたい、と思っているので、長方形のまな板も縦にして使っていたほどです。まずは手前で切り、そのまま手前を逆にして、そしてまた切る、というふうにです。その考えからすると、丸はとても理にかなっていました。中華の料理人がそうするように、まな板をクルクル回していけばいいのです。例えば薬味を切るときなど、しそを切ってはクルッ、みょうがを切ってはクルッ。そして最後にざっと器にあければよいのです。あーなんてスッキリ。その上、カナッペやピザをのせたり、チーズや果物を切ってそのままのせて出したり、と器がわりにだってなるのです。ね、すごいでしょ。

小さいほうは、高さがあって、台形の形もいいところ。まな板としてはもちろん、盛り皿として、料理を美しく見せてくれる道具にもなります。まずはスティック野菜をザクザク切り、味噌を添えて、そのまま器としてテーブルへ。これなら洗う手間も省けて一石二鳥。

(15)

陶片木のこと

長野・松本の中町通りにお店を開いて17年。松本に住む友人が「松本にも和緒好みの店があるのよ」と連れていってくれたのが今から10年ほど前のこと。「器好きは最後には唐津に辿り着く」と信じて疑わない、唐津に魅せられたご主人・小林仁さんが、西日本を中心に、自らの足で歩き、目で選び抜いた道具が所狭しと並んでいる。作家物をはじめ、オリジナルも数多く扱っている。2階は作品がゆっくり眺められるギャラリー。

◎腐りにくく、水に強く、殺菌力もあり、たくさんの自然の力を発揮してくれる檜のまな板。木曽檜の二尺寸丸真魚板 径36×高3cm ￥7,350
径21×高6cm ￥4,725／陶片木 ＊他に径30×高3cm ￥4,725もあり、また好みに応じてサイズオーダーの受け付けも可能

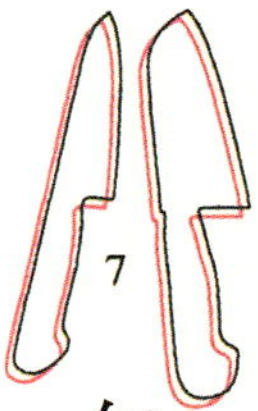

7 包丁

「いい包丁は、きちんとメンテナンスをして末長くつきあいたいものです」

私の京都デビューは、30歳を過ぎてからと実は遅咲き。そのせいか、高飛び込み状態（笑）で一気に深みにはまってしまい、かなりのハイペースで京都に出かけています。そうして何度か有次に伺ううちに、薦められたのが、この「平常一品」です。ハガネをステンレスでコーティングしているので、錆びにくいのが特徴。その上、柄と刃が一体になっているので、使いやすいのはもちろん、洗いやすくてとても清潔。私のように大雑把な人間には、これが身の丈にちょうどいいみたい。それ以外にも、一人暮らしを始めるときに「せっかくお料理をたくさんするんだから、いいものを揃えよう！」とはりきって買った木屋の牛刀と、軽くて使いやすいグローバルの菜切り包丁がお気に入りです。いずれもかなりの年月を共に過ごしていますが、いまだに現役。牛刀に至ってはなんと20年以上！のおつきあいになります。それも、きちんとしたお手入れの賜物でしょう、エヘン。と威張れるほどではありませんが、3か月に一度は包丁研ぎに出して、プロにメンテナンスをお願いしています。目下の憧れは、有次の「包丁研ぎ教室」です。プロの研ぎ技を、ぜひ一度この目で見てみた〜い。

・木屋とグローバルの包丁
210年以上の歴史を誇る日本橋の老舗、木屋の牛刀。このエーデルワイス・シリーズは、昭和31年発売以来、45年以上の実績を誇るロングセラー。現在のものは柄も刃もさらに堅牢になっているようです。KIYA（木屋）エーデルワイス洋包丁（牛刀）／木屋 玉川店 日本製とは思えないグッドデザイン。グローバルの菜切り包丁 18㎝ ¥6,300／YOSHIKIN

・ビクトリノックスのトマトスライサー
刃先が丸くなっているので、アウトドアや旅行用に便利。アーミーナイフでお馴染み、スイスのビクトリノックスのスライサーは、本当はトマトを薄く切るためのものですが、野菜、果物はもちろん、バゲットもチーズも上手に切れます。サンドイッチ用のパンは絶対コレに限ります。トマト・ベジタブルナイフ ¥1,050／木屋 玉川店

・包丁研ぎ3点セット
時間の余裕があるときは、ささっと自分の手で研ぎます。これが私の包丁研ぎ3点セット。慣れれば簡単、料理のリズムも見事に蘇ります。小さいのが錆び落としの消しゴム、左が砥石、そして溝がついているのは、砥石の面をいつも平らにしておくための砥石を研ぐ石。お寿司屋さんで包丁研ぎ談義で盛り上がり、ご親切に、ご主人がくださいました。

有次のこと

〝京の台所〞として知られる錦小路に店を構える有次は、創業1560年。京都御所御用鍛冶の伝統を受け継ぎ、刃物を作り続けて400年以上。現在でなんと18代目になるという。包丁だけでも百数十種類、鍋や網、抜き型などを含めると、プロ仕様のアイテムがなんと400種類以上も並ぶ、まさに料理道具のワンダーランド。見てウキウキ、使って納得の職人技に、これらの道具が京料理を支えてきたのだなあ、としみじみすることしきり。

◎ハガネをステンレスではさみ込み、錆びの発生を極力抑えた家庭用料理包丁。定期的に研ぐことで、ハガネ本来の切れ味が長続きする。
左：平常一品（ツバ付き／牛刀／18㎝）¥11,025　右：平常一品（ツバ付き／三徳牛刀／18㎝）¥12,075／有次

・銅製おろし金

柚子胡椒づくりには、銅製の大きなおろし金が大活躍。きめ細かいすりおろしができ、重みがあるので安定感もあります。普段の柚子のすりおろしなら、小さいサイズで十分です。
左：京都の職人が作った銅製おろし金7.0㎝¥2,100〜22㎝¥24,150／有次　右：江戸職人が作った銅製おろし金7.5㎝¥1,029〜13㎝¥5,670／グランシェフ　＊サイズは横幅

たっぷりおろす

「シャリシャリ、シャカシャカ。そこから生まれる口福があります」

機械にめっぽう弱い私は、料理家とはいえ、かなりの家電下手です。家電といえるものはミキサーくらいしか持っていませんし、そのミキサーですら、現在故障中。直さぬまま戸棚の中にあります。そのかわりといってはなんですが、手でおろす道具はたくさんあります。それらを駆使して、大根おろしはもちろん、しょうがにわさびにパルメザンチーズまで、シャカシャカ、シャリシャリ。私はおろすこと、それ自体がけっこう好きです。自分の手でおろすことで、香りがふうわり立ち上り、それだけでもう幸せ！な気持ちになるのです。その上、すりおろしたものは口当たりもなめらかで、おなかにもやさしい。なんともいいこと尽くしのすりおろしではありますが、一年に一度だけ、私にとって、とても辛いすりおろしというものがあります。それが、年明けにやってくる大仕事――ダンボール1箱分の柚子の皮をひたすらすりおろす、柚子胡椒作りです。夏の間に作っておいた青唐辛子のペーストに、すりおろした柚子の皮を加えて仕上げるわけですが、最初のうちは、キッチンが柚子の香りでいっぱいになって、それはそれはいい気持ち。でもこれが、手が真っ黄色になるまでとなると、終いには苦行に耐える修行僧の気分です。でもですね、こう言ってはなんですが、自分の手をかけて作ったほうがやっぱりおいしい。それは、家電では味わうことのできない口福だと思うのです。

・セラミックスおろし

骨董品屋さんで見かけるおろし皿のようなデザイン。底面がシリコン加工なので、すべりにくく、片手でも難なくすりおろせます。陶器なので、素材本来の旨みと風味を失わず、おろしたものが目詰まりしないスグレモノですが、目立てを直せないのが玉にキズ。セラミックスおろし(大)¥2,625、(中)¥1,785、(小)¥1,260／ジャパンポーレックス(グランシェフ)

・陶片木のおろし板

鬼おろしとして使っているのが、木製のおろし板。大根をぐるぐる回しながらおろすと、シャリシャリとした粗く、さわやかな大根おろしができあがります。辛味大根の大きさにぴったり。木製おろし板¥2,415／陶片木

ごまをする

「なにしろごま好きなもので。煎る、する、その行為自体が楽しい」

ふんもう、とにかくごま大好き(鼻の穴広がる)。子どもの頃から、祖母がごまを煎る香りに包まれて育ったせいか、物心ついたときには、とにかく何にでもごまをかける習性があり、今ではごまは私には欠かせないもの。煎り網でごまを煎ったときの、ぷーんと香ばしい匂いや、すり鉢ですりおろしたときのほんわかとやわらかな香り、そのどれもが心地よく、温かな気持ちになるのです。その上ごまは、体にも美容にもいい。どんな素材や調味料とも合う、懐の深さも魅力です。一人暮らしを始めたときは、母からもらった、いわゆる昔ながらのすり鉢を使っていました。これが、今思うとなかなかのスグレモノ。ごまをすったところへ、ほうれん草を入れて和えるのはもちろん、おつゆを張ってうどんを食べたりもしたものです。そう、すり鉢は、すって、和えて、そして器にだってなるのです。そういえば、ごまをすることを〝ごまをあたる〟とも言いますね。これは、昔の人の縁起担ぎだそうで、「する」というのが、賭けでお金を「する(損をする)」と同じ音なので、その逆の「あたる」にしたそうなのです。「するめ」のことを「あたりめ」というのと同じです。なんだか、そんな古風なところも好きなのです。

・辻和金網のいり網

昭和8年の創業以来70年以上にわたり、京都の伝統工芸である金網細工を作り続ける辻和金網。堺町通りにあるお店には、焼き網、水切り網、豆腐すくいといった台所道具から、果物かごや花器、照明までが並び、こんなにも金網の道具があったのかと驚くほど。そこで見つけたのが胡麻いり網。フライパンや鍋で煎るのもいいですが、これでごまを煎ると、火のあたりがやわらかく、ごまのハゼる姿も軽やかで、一層気分が盛り上がります。胡麻いり 長28×幅10cm ¥3,990／辻和金網

・ごまあたり器

これですりすりしているときの姿がまずは可愛い。その上、少量のごまをすりたいときに便利ですし、蓋付きなのでごまが飛び散らないのもいいですね。ごまあたり器 径7.3×高7.4cm ¥4,200／そうび木のアトリエ

・陶片木のすり鉢

とてもスタイリッシュなすり鉢ですが、昔ながらの形だそう。底が広くてどっしりしているので、ひとりでするときに、とても安定感があります。ごまだけでなく、とろろをすったり、果物をすったり、器に、花器に、ワインクーラーにと大活躍。すり鉢 径19×高12cm ¥3,675　すりこ木 径6.5×長26cm ¥1,260／陶片木　＊サイズは他にもある

だし昆布
北海道南かやべ産
お徳用
MAILLE

調味料は容器に移し替える

「ここからが料理のスタートだと、私は思っています」

料理を楽しくするも、つまらなくするも、すべて自分次第だと思うのです。その意味でも、自分の好きなものが台所にあるって、とてもささやかではあるけれど、とても楽しいことだと思います。調味料もそのひとつで、自分好みの調味料を、自分好みのパッケージに移し替えることで、「さあ、今から料理をするぞ！」と気分を盛り上げる、そんな思惑も、実は私の中にはあるのです。調味料を容器に移し替える――この時点から、料理はすでに始まっている、と私は思います。つまりは、ある種のイニシエーション（儀式）のようなもの。もちろん、市販のパッケージはあまり可愛くないし（メーカーさん、ごめんなさい）、統一感がない、といった見た目の問題はかなり大。なので、オイルや塩など使用頻度が高く、いつも目につくところにあるものは、パッケージを揃えて美観を保つために、容器に移し替えて使っています。油などは大きな缶で購入するので、それを毎回よいしょと担いで注ぐなど、もってのほかですしね。また、かつお節や昆布、ごまなど、袋に入っている調味料は、そのままだと保存状態が悪くなるので、密閉容器に入れ替えます。さ、これで準備完了です。早速料理を始めましょう。

容器の基本はガラスとステンレス。できるだけ底の大きさを揃えたほうが、重ねたりもできて省スペース。12345：昆布や固形スープ、砂糖や唐辛子、ごまを、袋から気に入った空き瓶や保存瓶に移し替えて乾燥を防ぎます。6：洗剤をワンプッシュで出せたらな、と探していたら、コンタクトレンズの洗浄水用容器がまさにそれ。早速洗剤用に流用。78：オリーブオイルと太白ごま油を雑貨屋さんで購入したディスペンサーに入れ替えて使っています。形がキレイで注ぎやすく、金属は光を通さないので、酸化を防ぐのにも最適。9：塩壺は母が作ってくれたもの。昔、塩は塩壺に入れて売られていたそうで、自然塩を塩壺に入れると、遠赤外線効果で塩の湿り気がとれて固まり、それを匙で混ぜるとサラサラになるという、まさに昔の人の知恵の賜物。10：薄力粉と片栗粉はステンレスの保存容器に、天ぷら粉は瓶に常備。輪ゴムの置き場所って困りもの。私は、輪ゴムのボールにまとめています。

右：いろんなサイズがあるけれど、長いのは魔法瓶用。細長くて持ちやすく、シュロの毛先が細かいところまでキレイにしてくれます。汚れてきたら、毛先を切り揃えて使える、というスグレモノ。キリワラたわし￥700～／内藤商店　左2つ：盛岡の日用品のお店で、土鍋を洗うのにちょうどいいなと思って買い求めました。亀の子たわし（ハーフ・ハード）￥420、かるかやたわし￥735～945／ござく・森九商店

「日本の手仕事の美しさに惚れ惚れ。頭が下がる思いがします」

たわしで洗う

急須に茶渋がこびりついていたり、お鍋が汚かったりする人は、十中八九、スポンジがよくないのです。ボロボロでシナシナのスポンジを、ただ新しいものにかえるだけで、汚れは驚くほどあっさり落ちるもの。ですが、私の場合、スポンジに関する目下の悩みは、キッチンに出しておいてもサマになるほど見た目もよく、手にしたときに固すぎず、やわらかすぎず、のほどよいものがないなあ、ということです。だったら亀の子たわしのほうが、よっぽど愛嬌があって働き者だし、シュロのたわしのほうが気が利いて気立てもいい。亀の子たわしとは一人暮らしを始めたときからのおつきあいで、何度も代替わりを繰り返しながら、根菜を洗ったり、お鍋や鉄のフライパンを洗ったりと、本当によく働いてくれました。ところが、旅先でシュロのたわしに出会ってからは、もっぱらこちらの出番が多くなり、ちょっとお株を奪われた感じではあるのです。まあいずれにせよ、天然素材のたわしというのは、見た目のほのぼのとした雰囲気といい、手にやさしく馴染んで持ちやすいことといい、なんともやさしい。その上、繊維が鋭くしなやかなので、細かい部分にまでスルリと入り込み、頑固な汚れをグイグイ落としてくれる、そんな頼もしさもあるのです。

・亀の子束子西尾商店の亀の子たわし

とぼけたネーミングといい、手のひらにすっぽり収まる絶妙のサイズといい、さすがは明治41年の発売以来90年以上も売れ続ける超ロングセラー。初代社長の妻が、売れ残りのシュロを折り曲げて洗っていたことがきっかけで生まれた、この亀の子たわしは、現在はスリランカからはるばるやってきた椰子の繊維で作られています。亀の子たわし ¥262〜／亀の子束子西尾商店

・内藤商店のキセル型たわし

京都の三条橋のたもとにある、シュロ製品専門の内藤商店は1818年創業。いろんなサイズのたわしやほうきがたくさんあって、どれも愛嬌たっぷりなのだけれど、軒先にぶらさがっているこのキセルの形をしたたわしに目が釘付け。お店の人に尋ねたら「手の届かない桟や、トイレの掃除に便利ですよ」と教えられ、早速2本購入。シュロの繊維は、耐水性・弾力性にすぐれているので、頑固な汚れ落としが大得意。¥1,500／内藤商店

8

麻（リネン）

「凛とした気品と大人の雰囲気を纏った素材だと思います」

一年中麻のブラウスを着ているくらい、麻が大好きです。やさしさと優雅さをあわせ持つ麻は、独特のしっとりとした生地の感じや、洗うたびにやわらかくなる風合いが、なんともいえず「大人」の雰囲気。だから、30歳になったらハンカチは麻にしよう、と心に決めていたのです。ハンカチは手を拭くだけでなく、お膝かけにしたりもするので、普段から着物を着る私としては、海外ブランドのスカーフのような色柄の鮮やかなハンカチというのも、どうもしっくりこなかった。その点、麻のハンカチは、たおやかで控えめで、それでいて品がある。ハンドバッグの中に麻のハンカチがあるって、すごくかっこいいと思うのです。でも、それほどの麻好きだというのに、まったく無知な私ときたら、ブラウスやハンカチ以外の麻アイテムがあるだなんて、夢にも思っていませんでした。そんなとき、麻のバスタオルを見つけて、「なんだ、他にもあったのね」と麻に開眼。以来、気をつけて見ていると、ありました、ありました。シーツにピロケースにコンフォータケース、パジャマやエプロンから食器を拭くクロスに至るまで。身の回りのものを、ぜ～んぶ麻で揃えてしまいたくなるくらいです。

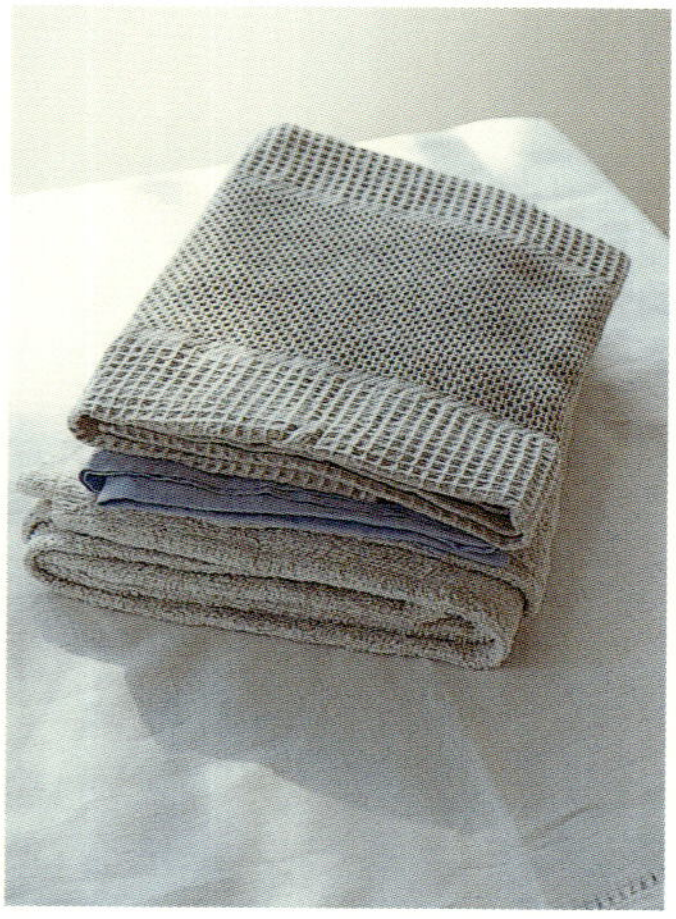

・麻のバスタオル

上から、麻の中でも一流品といわれるアイリッシュリネンを使用したリネンコットンワッフルタオル￥3,990／FIBER ART STUDIO　リネン100％のバスタオルは、キャトル・セゾン・トキオで購入（現在取り扱いなし）　リネン70％のバスタオル￥19,950（現在取り扱いは白と黒のみ）／カトリーヌ・メミ 青山店

・麻のハンカチ

私にとっての「大人のハンカチ」といえば麻。意外にありそうでないので、見つけたときに少しずつ買うようにしています。上2枚の縁取りが愛らしい麻のハンカチは、Y's for Livingでずいぶん前に購入したもの（現在取り扱いなし）。下2枚の大判のハンカチは、京都の麻専門店で購入。麻のハンカチ￥1,050／麻小路

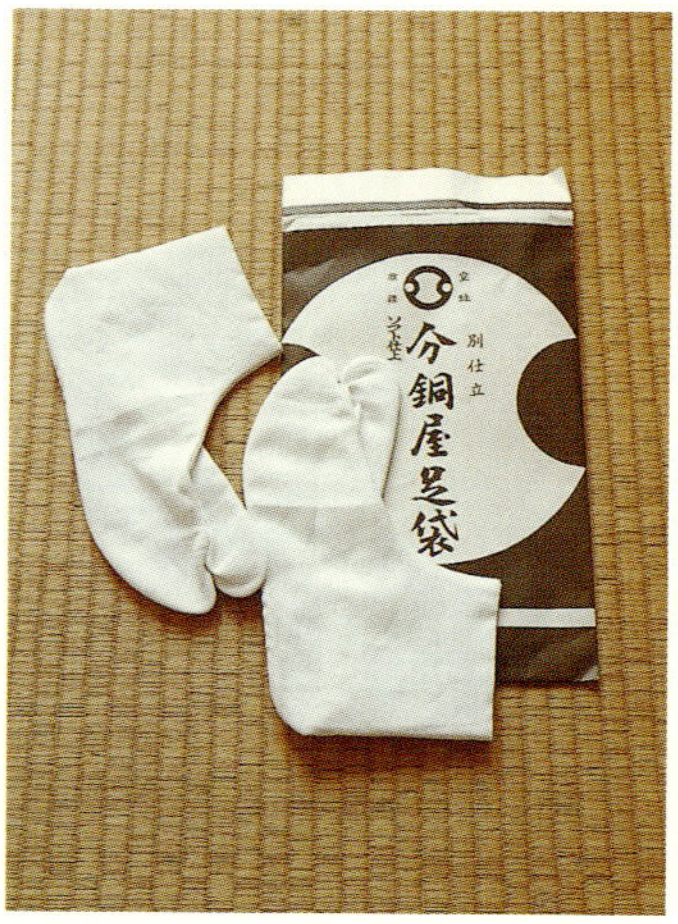

・麻小路の足袋

京都の麻専門店「麻小路」で分銅屋さんの袋を見つけたときは、小躍りしたいくらい嬉しかったものです。分銅屋さんは私が足袋をよく買う京都の足袋の老舗。この麻の足袋は、麻小路が分銅屋さんに特注しているもので、限定販売だそう。夏が来るのが待ち遠しくなります。麻の足袋￥5,145／麻小路

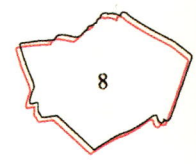

・キャトル・セゾン・トキオの麻のエプロン

エプロンをつけると「台所の時間」の始まり。麻のエプロンは私にとってはお手拭きがわり。汚れが落ちやすく、頻繁な洗濯にも丈夫で、乾きも早いスグレモノ。なんといっても清潔なところがいい。ポケットの刺繍は自分でつけました。フィーヌ ロングギャルソン ホワイト¥3,360／キャトル・セゾン・トキオ

麻のこと

言葉としては、「リネン」というより「麻」というほうが私は好き。リネン（亜麻）は20種以上あるといわれる麻の一種で、日本にやってきたのは明治以降。それまで日本で古くから使われていた麻は大半がヘンプ（大麻）からできていたそうで、リネンに比べるとちょっとゴワッとした質感。それはそれで味があっていいけれど、どちらかといえば、古代エジプトで〝月光で織られた生地〟と呼ばれていたリネンのロマンティックさの勝利かな。

混ぜる、すくう、ひっくりかえす

キッチンの引き出しには、数え切れないほどのスプーンやヘラが収まっています。調理のときはもちろん、テーブルの上でも、「混ぜる」「すくう」「ひっくりかえす」は、ほんとうに何度となく繰り返される作業のひとつ。これが精神的なストレスなくスムーズにいくかいかないかで、料理の仕上がりが決まるといっても言いすぎではないかもしれません。見た目は味にも影響します。

・USAアテコ社のフレキシブルターナー

モノ選びの達人・石黒智子さんから教えていただいたヘラは、薄くて柔軟なので、繊細な煮魚の盛り付けに重宝します。¥1,260（全長30㎝）／グランシェフ

・ステンレスのカトラリー

先端がとがっているので、ソースの盛り付けや計量スプーンとして大活躍。U.Sネイビーの支給モデルで日本製なんだそう。大¥577、小¥378／グランシェフ

・柳宗理のレードル

右のお玉は撮影に不向きとスタイリストさんがくださったもの。両口をゆるやかにした楕円のお玉は左利きの私にも使いよいのです。レードルM¥1,785／私の部屋 自由が丘店

・アルミのお玉

一人暮らしを始めたときに、近所の金物屋さんで購入したアルミのお玉。昔、母が使っていたのは、こんなのだったっけ。これが意外に使いよく、変形しても手放せないでいます。

・有次の灰汁とり網

アクを網ですくうというのは日本人ならではだと思います。この小さなアクとりは小回りがきき、鍋の中をクルクル回ってアクを回収してくれる働き者。大¥2,940、小¥2,625

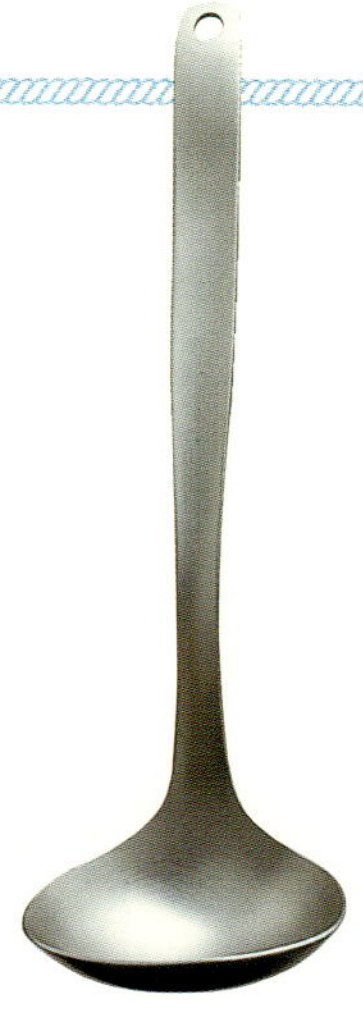

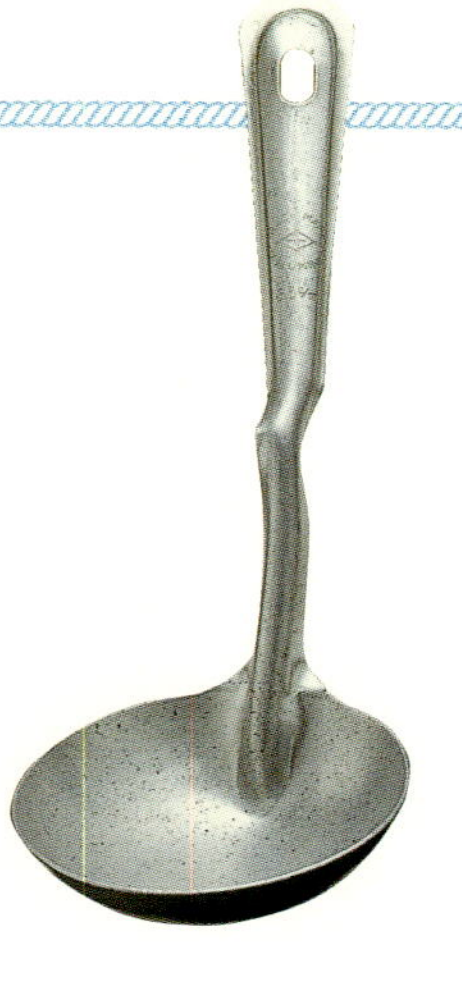

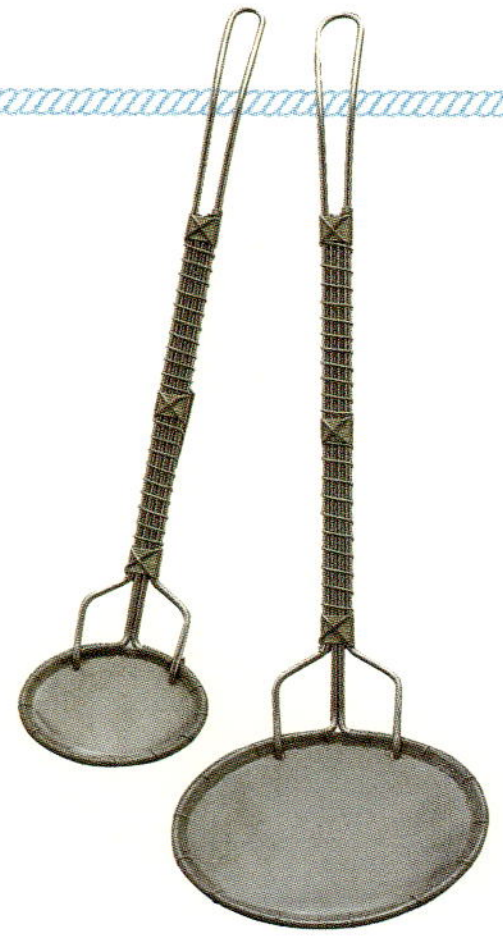

・麺すくい網

麺を茹でるときのものだと言われて、アジア雑貨のお店で購入したもの。いまだに麺を茹で上げたことはなく、もっぱら揚げ物に使っています。網もビックリしているかな。

・ハワイで買ったハニースプーン

溝の部分にはちみつをからめとる、はちみつ専用のスプーンは、先端の蜂のおちゃめさに、思わずハワイで購入。ハワイは、こんなキッチュなアイテムが見つかるのがいいですね。

・パリ土産のフィッシュターナー

ベトナム風お好み焼きをとても返しづらそうにしていたのを思い出した友人が、パリで買ってきてくれたもの。一尾丸ごとの魚もどんと受け止めてくれる、魚返し用のターナー。

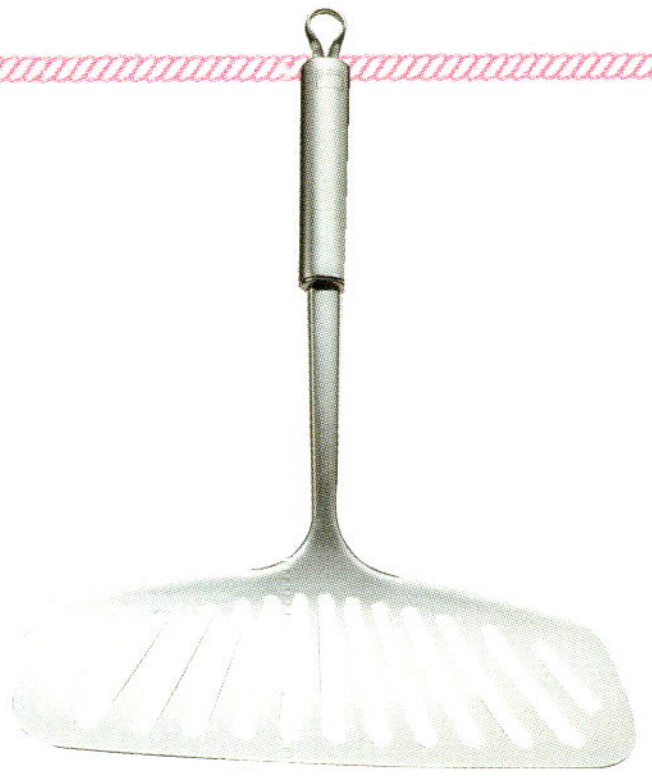

・雑貨屋さんで買った木のスプーン

ご飯をすくったり、料理を盛ったりすくったりするときは、プラスティックではなく、やっぱり天然素材のものがいいなって思います。しゃもじにも似た浅さが使いやすいです。

・陶片木の左利き用ヘラ

本来は調理用のヘラだけれど、私は炊き上がったご飯を混ぜて、よそうときのしゃもじとして愛用中。握ったときの感触もやさしく、手に馴染む。大中小あり、¥1,470〜1,890

・左利き用しゃもじ

左利きにはご飯のしゃもじが意外に使いづらい、とよく話していたせいか、編集者の方が親切に送ってくださったもの。ご飯を混ぜるたびに、檜の香りがふうわり心地いい。

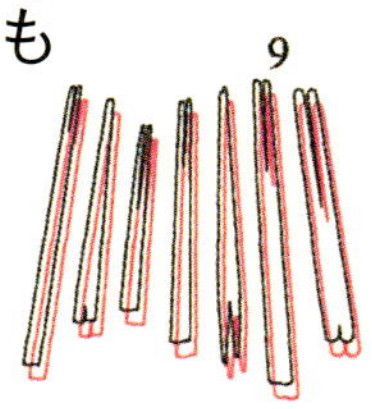

「使い込んでもピンと背筋が伸びた凛々しい箸」

京都で見つけて好きになった〝だいどこ道具〟のひとつが、市原さんのお箸です。1764年創業以来、箸一筋の市原さんの調理箸は、どれもこれも背筋がピンと伸びて、なんとも凛々しく美しい。最初に惚れ込んだのは京風もりつけ箸でした。箸先がすごおく細いのに、表の部分が箸先の1㎜まで竹皮を残して削ってあるので、しなりに強く、まずは折れない。軽くて持ちやすく、細くてしなやかなので、細かい作業はもちろん、平らにそいだ天の部分で、煮物をざっくり盛りつけたりするのにもちょうどいいのです。

右から、麺を茹でるのにも便利なあげものころも箸（檜）¥1、575、あげもの箸（檜）¥945、京都の竹で作った白竹中節尺一菜箸¥840、東南アジア産の熱に強い木で作った焼もの箸¥630、京風もりつけ箸（23㎝）¥1、050、京風もりつけ箸（28㎝）¥1、155、竹尺一菜箸¥630／市原平兵衛商店

10

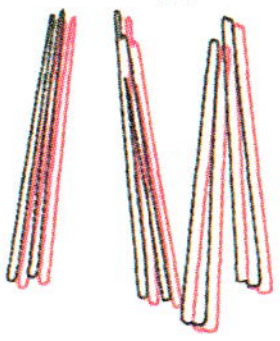

「自分の箸を見つめ直して気づいたこと」

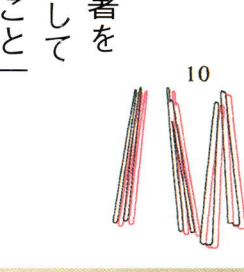

箸は、はさむ、つまむ、よせる、切る――と、ナイフにもフォークにもなるすぐれた道具です。自分の指先の延長にあるものですから、見た目にも機能にもこだわって、箸あたりのちょうどよいものを選びたい。そんなふうに箸を見つめ直したのは、三谷さんの細い箸に出会ってからのこと。最初は、細くて黒いその姿に、「美しいな」と思っただけでした。でも実際使ってみると、料理を手指で感じるように、持ちやすく、使いやすい。その上、料理にも器にもよく映える。箸を選ぶところから、食事は始まっているのだと感じます。

右から、天井裏などに使われていた竹が、囲炉裏やかまどの煙で燻され、１５０年の年月を経て丈夫で反りにくくなった竹で作った、みやこばしすす竹（中）¥３、９９０／市原平兵衛商店　縞黒檀極細箸¥２、１００／陶片木　三谷龍二のうるし箸（楓）¥２、３００／ギャルリ灰月（他にオイル仕上げのローズウッドの箸もあり、¥２、１００）

食べるお箸

11

三谷龍二さんの器

「料理がいちだんとおいしくなるから、今一番のお気に入りです」

和食器を使うようになってから、目下の悩みがカトラリーでした。土の器にステンレスやシルバーがあたるのは、どうにも抵抗があって。そんなとき、三谷龍二さんのパスタフォークに出会ったのです。まずは夫と私の分を2本買って帰り、すぐにスパゲティを食べてみました。その時の感動を、今でもはっきりと覚えています。器にあたる感触がやわらかく、手にもやさしく馴染んで、そしてパスタが本当にからめやすい。ひと口食べた瞬間に、夫と顔を見合わせ「いいねえ、これ」と合唱していました。それから、我が家には三谷アイテムが増えるいっぽう。三谷さんの木の器は目にもやさしく、美しい。そしてなにより料理が映えます。桜や楡、胡桃、栗などの木目がナチュラルな肌のものと、それらに黒い漆を塗った真っ黒な肌のものがありますが、なかでも黒い器が気に入っています。私は器を買うとき、作家さんの名前で買うことはまずないのですが、実は三谷さんのことだけは、ずっと気になっていたのです。私は高校時代を長野で過ごし、そして今では両親が長野で暮らしていますから、松本で器を作る三谷さんを、とても身近に感じていたのです。今では、個展はもちろん、工房にもお邪魔したりして、三谷さんが本当に身近な存在になり、ますます三谷さんの器が好きになりました。そういえば、つい先日、また我が家に新しい三谷アイテムが加わりました。なんと私の身長と同じ、１５３㎝の神代楡の短冊皿。これ、並んで写真が撮れればよかったなあ。

三谷さんの器の中でも、最近のラインが白漆です。黒漆を塗った上から白漆を重ね塗り。カフェオレのような色味が不思議な印象です。白い漆は月日を経るごとに白さをさらに増していくとか。今後の変化が楽しみです。白漆五寸皿(胡桃)／ギャルリ灰月

木の器も落とせばもちろん欠けます。欠けたり、割れたりした器を三谷さんの工房に直しに出すと、新しい姿に生まれ変わって再び我が家へ。最初は丸いお皿でしたが、こんなふうに楕円のお皿になって戻ってきました。今まで以上に、さらに愛着が湧いてきます。

長方形の皿は、テーブルのアクセントになり、小物を置くトレイとしても活躍します。同じ形でも木の種類によって、同じ木でも漆を塗っただけで表情がガラリと変わります。同じ器はひとつとしてない、そんなところも魅力です。短冊皿(山桜・胡桃)／ギャルリ灰月

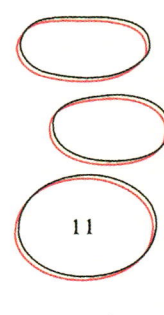

三谷龍二さんのこと

三谷さんの器は暮らしの中の必然から生まれている。自分の子どもが使うスプーンがないな、とベビースプーンが、大根や白和えなどの白い料理や青物は黒い器のほうが映えるな、と黒漆の器が生まれた。「そこに料理が盛られたときがいちばん生き生きするようなものでありたい」と三谷さんは言う。三谷さんの器に料理を盛ると、よく映えるのも当然のことだと納得。桜や胡桃、栗、楡などを植物オイルで仕上げたオイルフィニッシュのものと漆仕上げのもの、いずれもその造形美と、使うほどに増す風合いにファンは多い。

◎三谷デビューがこのパスタフォーク。あまりの使いやすさに、翌日すぐに買い足しに走ったほど。ちょっと白っぽくなってきたので、
そろそろオリーブオイルでお手入れしてあげなくちゃ。木の器は生きているんだから。パスタフォーク(山桜) ¥2,625／ギャルリ灰月

6

1

2

3

4

5

長野の実家に帰るたびに、高校時代の友人が、私の好きそうなお店というのを教えてくれます。本当にありがたい。そんなお店で出会った「長野の子たち」が、現在我が家で着々と増えつつあります。1松本の「ギャルリ灰月」は、三谷龍二さんの器のラインアップがものすごく充実しています。私の三谷アイテムのほとんどは、ここで購入したもの。234長野の「ギャルリ・カフェ夏至」は、本当に〝和緒好み〞のお店です。私のお茶時間を、さらに奥行きのあるものにしてくれた小笠原陸兆さんの鉄瓶や、辻和美さんのガラスの器、そして、今では大好きな作家さんのひとりとなった安藤雅信さんの白い器に出会ったのも、すべてここでした。5まだ加藤財さんの名前も知らなかった頃、長野の「松葉屋家具店」で、ズラリと勢揃いした加藤さんの急須とポットの力強さと美しさに圧倒されたことは今でも鮮明に覚えています。ここで子供用家具をオーダーするのも私の夢。

7

8

6 陶片木
長野県松本市中央3-5-10 中町通り
7 ギャルリ灰月
長野県松本市中央2-2-6 高美書店2F
8 ギャルリ・カフェ夏至
長野県長野市上松3-3-11
9 松葉屋家具店
長野県長野市大門町45

9

長野へ

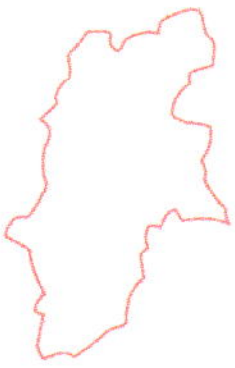

「もしも長野での3年間がなかったら、今の仕事はしていなかったかもしれません」

長野は私の第二のふるさとです。東京生まれ、東京育ちの私ですが、高校3年間を長野で過ごしたこともあり、両親は今も長野で暮らしています。今思えば、もしも、あのままずっと東京で暮らしていたら、今の仕事はしていなかったかもしれません。当時は、長野がものすごく遠く、とても山奥のイメージがあったので、東京を離れ、長野に行くのがずいぶんと嫌だったものですが、今となっては、知らない土地の文化に触れたことで、私の視野がぐんと広がったのですから、ありがたい経験だったと思います。私の父は、そもそも田舎暮らしがしたくて長野に移り住んだほどの人。高校生の頃は、よく父と一緒に、山菜採りやきのこ採りに出かけたり、山登りをしたりしたものです。思い返せば、東京にいた頃から、お花見の季節になると、よく兄弟で争って、つくしやのびる、たんぽぽなどの山菜を採りにいき、それを祖母が炒めたり、和え物にしたりしてくれ、よく食べていたりもしました。私が育った東京・洗足池は、当時としてはかなり自然が豊かなエリアだったのです。今思えば、こうした自然と響き合う暮らしは、しばらく忘れてはいたけれど、私の中にもともとあったものなのですね。小さい頃からお料理の道に進もうと思っていたわけではまったくありませんが、こうした暮らしがあったからこそ、今につながっているのだと思います。心から、両親に感謝しています。

12

火鉢と鉄瓶

「我が家のお茶道具の新入りです。今じっくり育てている真っ最中」

我が家には、曾々祖母の代から飛田の実家に受け継がれてきた火鉢があります。この火鉢を手に入れたその瞬間から、これにピタリとはまる鉄瓶を、ずっと探し求めていたのです。そうして出会ったのが、小笠原陸兆さんの鉄瓶でした。シンプルでシャープなフォルムがものすごくモダン。まったく作為を感じさせないところが、なんとも魅力的なこの鉄瓶に、私はひと目で恋に落ちてしまったのです。今、まさにこの愛しい鉄瓶を育てている真っ最中。毎日、この鉄瓶でお湯を沸かすところから、私の一日が始まります。鉄瓶で沸かしたお湯のやわらかでおいしいこと。日に日にお湯がま～るくなっていく、その変化も楽しく、鉄瓶に惚れ直す毎日です。おかげで、お茶の時間がますます好きになりました。ですが、うっかりものの私のこと、何度空炊きをしてしまったことか。そのたびに、買い求めたお店に電話をかけて、「どうしましょう？」と情けない声で助けを求め、「私も経験があるので、わかります」という温かい言葉に励まされては立ち直り、めげることなく、また一から鉄瓶育てのやり直し。いつになったら私の鉄瓶は立派な相棒になってくれることやら。私と鉄瓶とのつきあいは、まだ始まったばかり。じっくり、のんびり、気長にやることにいたしましょう。

鉄瓶で沸かしたお湯は、本当にやわらかで、ビロードのようになめらかです。そのせいか、お湯をとても大切に使うようになり、汲み出しで白湯をそのまま飲んだりもしています。

内側から湧き出てくるような炭の火は見ているだけで落ち着くもの。炭の火は、実際に暖をとるという意味だけでなく、目にもやさしく、心が温かくなる気がします。

冬の間は、炭の火をおこすことから一日が始まります。もちろん時間はかかりますが、火がしっかりつく頃には、目もすっかり覚めている。それが自然の営みというものなのかな。

鉄瓶のこと

鉄瓶は、江戸時代に南部藩の釜師が茶の湯釜を小ぶりにし、注ぎ口とつるをつけたのが始まりといわれている。これがまたたく間に民衆にも広がって、今日の南部鉄瓶が完成した。鉄瓶はお湯の沸きやすさにおいては、やかんやケトルと変わりなく、冷めにくさにおいては当代随一。その上、お湯が驚くほど甘くおいしくなり、水道水の臭気さえも取り除いて、自然な味にしてくれる。鉄瓶には、そんな不思議な力がある。

◎南部鉄器におけるモダンデザインの先駆者ともいわれる小笠原陸兆さんの鉄瓶はシンプルでモダン。鉄瓶￥39,900／ギャルリ・カフェ夏至

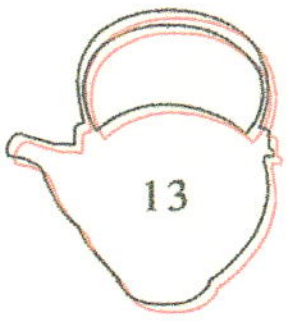

13 土瓶

「左利き用の急須がなかなかないせいか、圧倒的に土瓶派です」

私はまったくの左利き。もう40年近くのつきあいになるので、左利きの暮らしにはずいぶんと慣れたものですが、いまだに困っているものがあります。それが急須です。急須は取っ手が右利き用についていますから、不自然にお茶を注ぎ入れることになり、どうにもいけません。というわけで、私はもっぱら土瓶派です。私は土瓶が好きで、気に入ったデザインのものを見つけると、ついつい買ってしまいます。そうして我が家に集まってきた土瓶たちは、なんと総勢7つ。別に月曜日の土瓶、火曜日の土瓶と決めているわけでも、お茶の種類によって使い分けているわけでもありません。それどころか、私は同じ土瓶で、日本茶はもちろん、中国茶もいれれば紅茶もいれる。さらには、土瓶にドリッパーをのせて、コーヒーだっていれてしまいます。本当はいけないことなのかもしれませんが、私も土瓶もまったく気にしていません。土瓶のそんな風貌そのままの、大らかさが私は好きです。そういえば、最近、我が家に左利き用の急須がやってきました。作家さんに作っていただいたものですが、これが大きさは誰がどうみても土瓶。私には、やはり急須よりも土瓶が似合っているのだと、改めて思ったことでした。

土瓶にコーヒーのドリッパーって意外に合うでしょ？　ひとつのものでいろいろな使い道を考えたり、使ったりするのも楽しい。

お茶時間の必須アイテムといえばお盆。ですが、こちらもお盆としてはもちろん、お料理をのせて器として使ったりもします。

土瓶も汲み出しも本当にいろいろ揃ったので、その日の気分によって使い分けています。組み合わせを考えるのも、また楽しからずや。

土瓶と急須のこと

一般的に、大ぶりで取っ手が上についているものを土瓶、小ぶりで取っ手が横についているものが急須。取っ手を上につけるため、土瓶には耳があり、急須には耳がないとも言われている（私は土瓶と呼んでいるけれど、加藤さんのものは工しくは後手急須なのね。もしくはポット？）。正しい使い方としては、土瓶はほうじ茶や番茶などをいれるときに、急須は煎茶をいれるときに使う。

◎美しく端正な加藤財さん作の土瓶と急須（手前２つ）は、茶漉しの孔が160もあるので茶漉しいらずのスグレモノ。欠けても金継ぎ（欠けた部分を漆でつなぎ、金粉をかけて直すこと）をして大切に使っている。土瓶と急須／松葉屋家具店　佐藤源三郎さんの土瓶は、シュッと伸びた繊細な口と、大胆なつるの取っ手の組み合わせの妙。土瓶／こうえつ庵

温かいスープを盛れば、ほっこりとした和み系の表情に。

ひんやりとしたフルーツを盛り付ければ、モダンで、どこかツンとすました印象に。

14

汲み出し

「お茶を飲むのはもちろん、丼や小鉢としても使います」

今では私の食器棚には和食器ばかりが並んでいますが、なかでもいちばん数多くあるのが汲み出しです。思えば、かれこれ15年以上も前のこと。私の和食器デビューも、5客揃いで買った萩焼の汲み出しでした。〝汲み出し〟は、本来はお茶を飲むための器ですが、私は日本茶だけでなく、コーヒーや紅茶、スープも汲み出しでいただきます。そればかりか、ご飯を盛って飯碗に、麺を盛って小丼に、はたまたフルーツやサラダを盛って小鉢としても使います。お茶はたっぷりと飲みたいほうなので、大ぶりの汲み出しを買うのですが、デンと構えて何でも受け止めてくれる、そんな汲み出しの懐の深さについつい甘えて、あれもこれもと盛ってみたくなるのです。お茶の種類や盛り付ける料理によって、まるで別の器かと見まがうほどに、クルクルと変幻自在にたくさんの表情を見せてくれる汲み出し。そのたびごとに、私は汲み出しに惚れ直してしまいます。おかげで、私は和食器を大胆に、そして自由な発想で使えるようになりました。思えば汲み出しは、私の和食器使いの先生のようなものかもしれません。汲み出しさん、どうもありがとう。そしてこれからも、どうぞよろしく。

汲み出しのこと

湯飲みには大きく分けて「湯飲み」と「汲み出し」があり、一般的には、たっぷりの番茶やほうじ茶を飲むときは厚手で筒型の湯飲み、色や香りを楽しむ煎茶を飲むときは平らで浅い汲み出し、といわれている。そもそも汲み出しは、茶事の待合（受付）の席に備えておくもので、素湯を汲んで出したところから由来しているそう。

◎佐藤源三郎さんの粉引きの汲み出しは数客求めましたけれど、どれも形や肌合いが違う。釉薬の流れ方で模様の浮かび方も全然変わるので、自分好みのものを探すのがまた楽しい。粉引き汲み出し／こうえつ庵

汲み出しと湯飲みコレクション

私はたいそうな「お茶飲み」です。一日のうちに何度もお茶の時間があるので、そのたびごとに、お茶の種類も器もかえて、気分新たに楽しみたい。そのせいもあってか、我が家には汲み出しや湯飲みがたくさんあります。和食器初心者の頃は5客揃いで買っていましたが、最近は2つ、3つバラで買うようになりました。

・藤村小春 作
初めての和食器が、この萩焼の汲み出し。私の和食器人生の始まりです。15年以上使い込み、ますますいい感じに。／こうえつ庵

・渡辺俊明 絵付
粉引きや焼締めなど、大半が素朴な私の器の中にあって、大胆な赤絵付は異色の存在。食卓が華やかになる。／こうえつ庵

・安藤雅信 作
白くて、薄くて、シャープな安藤さんの器は、洋食器のニュアンスをたたえながらも、ほっこりと温かい。思わず心が和む。／こうえつ庵

・山口正文 作
どっしりとして逞しいのに艶っぽい黒織部。ミルクの白やお抹茶のグリーンがよく映えるので、抹茶カプチーノなんかに。／こうえつ庵

・古賀雄二郎 作
ちょっぴり深めの粉引きの汲み出しは、お茶を飲む以外の使い勝手も十分。我が家でいちばん活躍してくれる頼もしい存在。／花田

・中川自然坊 作
自然坊さんも好きな作家さんのひとり。刷毛目の力強さが魅力的。パワーがあるので、テーブルがきりっと引き締まる。／こうえつ庵

15

薬味入れ

「小さくて可愛い器は名脇役。あるだけでテーブルが華やかになります」

人は自分にないものを求める、とよく言いますね。確かにそうかもしれません。私は自分が小柄なせいでしょうか、器は大きなものが好きでした。ですから、最初の頃は、気に入った器となると、決まって大鉢や大皿ばかり。お茶もお料理も、なんでもたっぷり、どっさり、が好きなせいもあると思います。そういえば、当時は確かに薬味も量が多かった。「こんなに？」とみんなが驚く量を平然と盛り付けて、余ったら冷蔵庫へ。でも、これって全然よろしくない。いちばん困ったのは柚子胡椒でした。たっぷり出しても使うのはほんの少し。余った分はカサカサになって、瓶に戻すに戻せず捨ててしまう。そんなことをしているうちに、ようやく小さい器も必要なんだ、と気づいた私です。そうとなったらゲンキンなもので、豆皿や薬味入れがだんだんカワイイなあ、と思い始めてくる。小さいながらも、色や形もとりどりで表情がいっぱい。それだけで華があるからテーブルに置いただけでも楽しくなってくる。使ってみたら、これがまた、小さいけれど力持ち。なんとも使い勝手があるもので、薬味だけでなく、デザートやお砂糖を一人分、少しだけお新香をつけたり、箸置きにしたりと大活躍しています。

陶芸を始めたばかりの父に、「小さい蓋付きの薬味入れを作って」と無理難題なリクエストをしたところ、彼なりに頑張って、色も形も私好みに仕上げてきてくれました。

井山美希子さんの粉引きの白と黒マット釉の小皿。フォルムが独特の作家さんですが、私はこれを勝手にひょうたん型と思って使っています。小皿／ギャルリ灰月

辻和美さんのガラスは、「ツブツブ」「センセン」「モウモウ」といったネーミングも可愛い。手作りの一点製作なので、見つけたら迷わず買います。みにちょこ／ギャルリ・カフェ夏至

薬味のこと

ねぎやしょうが、みょうが、にんにくのことを「薬味」というけれど、そもそもこの「薬味」という言葉には２つの意味が含まれている。ひとつは読んで字のごとく「薬の役目」。昔は、うどんや料理に、食あたり防止のために大根やしょうがなどを加えることを「加薬味」といったそうで、ここから「加」がとれて「薬味」に転じた（ちなみに、ここから「味」がとれると「加薬」。つまりかやくご飯のかやくである）。そしてもうひとつは、「役に立つ味」。料理にとても役に立つ、ということから「役味」とも呼ばれていた。

◎３つ子の兄弟みたいで可愛いでしょ。離れ離れにするのはなんだか可哀相で、まとめ買いしてしまいました。銀の打ち出しの蓋とスプーンも、陶器も全部同じ作家さんが作ったものだそう。素晴らしいですね。薬味入れ（中大路優・作）／こうえつ庵

16

塗りの茶托

「堂々として逞しいのに、そこはかとなく色気もある。そんな大ぶりの茶托は、お皿としても活躍します」

祖母から、「お茶は茶托にのせて出すように」と言われ続けて育ったものですから、家では、湯飲みと茶托はいつだって一緒です。湯飲みに茶托をセットする、ただそれだけで、ぐっとスタイルがよくなる――茶托は、湯飲みを引き立ててくれる名脇役です。茶托の底力には、いつも頭が下がる思いがしますが、特にそのパワーのすごさを感じるのは塗りの茶托。堂々として逞しいのに、そこはかとなく色気がある。そのパワーが、普段着の汲み出しも、見違えるほどによそゆき顔にしてくれる。そんな塗りの茶托は、お茶のときだけでなく、小皿として、菓子皿として、はたまた、おしぼりをのせるトレイとしても活躍します。汲み出し碗が好きになってからは、大きめの茶托を選ぶようになったので、より応用範囲が広がりました。また、私の場合、「湯飲みはここへどうぞ」と窪みがあるものを基本的には選ばない、というのも使い勝手のいい理由です。しつこいようですが、私はあんなふうにも、こんなふうにも使える、というのが好きです。窪みのないツルンとした茶托は、どんな汲み出しにも合わせられ、用途も自在に変えられる。そんな茶托が私は好きなのです。

漆ばかりでなく、ときにはこんなコースターも使います。祖母の形見の着物をリメイクしました。最初の何枚かは自分で縫いましたが、あとは母のほうがハマってしまって、「こんなの作ってみたわ」といろいろ送ってきます。昔の着物の色柄は、懐かしくも新しい雰囲気。

お寿司をのせたのは、赤木明登さんの漆の茶托。赤木さんの漆器は、木地に下地を施し、その上に和紙を貼って漆で塗り固めてから研ぎ出すのが特徴。和紙独特のマットな質感が控えめで、楚々として、味わい深い。茶托 大(日の丸)¥8,400/桃居

お砂糖とお菓子をのせた茶托は、私が初めて買った漆の茶托。当時、中野にあった骨董屋さんで豆皿として売っていたものですが、家の染付のそば猪口によく合うな、と思って買いました。そのお店は今はなくなってしまったようで残念。

漆器のこと

漆器は天然木に天然の漆液を塗った器。天然木には「熱しにくく、冷めにくい」という特性があるので、漆器は冷たいものを盛れば冷たいままの時間が長く、温かいものを盛れば温かさが持続する。つまり料理を盛るには最適な器というわけだ。また丈夫で長持ちし、使い込むほどに艶が出て美しさを増していくので、まさしく美しく堅牢な器の代表選手。

◎左上：京都の骨董市で見つけた朱塗りの茶托　右下：輪島の漆作家・赤木明登さん作。茶托 大(日の丸)￥8,400／桃居　右上と左下：こうえつ庵では、汲み出しに大ぶりの茶托でいつもお茶を出してくれる。私もすっかりそれにハマってしまって、もっぱら大ぶりの茶托好き。茶托／こうえつ庵

17

お抹茶

「〝和緒流〟お点前に決まりはありません。フリースタイルで楽しんでいます」

お抹茶はとても好きですが、これまで茶道を習ったことは一度もありません。そもそも格式ばったこととは縁遠いもので、お茶会に呼ばれるたびに苦手な正座に悪戦苦闘し、狭苦しいお茶室で窮屈な思いをしながら「全然優雅じゃないよ〜」と内心ふてくされたりもする。そんな不謹慎な私のことですから、決まってそうをし、こっぴどく先生に叱られてしまうのです。そうかといって、好きなお抹茶はやめられません。子どもの頃から、祖母がシャシャッと点ててくれたお抹茶に、砂糖を入れたり、ミルクを入れたりして飲んでいたように、今でも自分流でお抹茶を楽しんでいます。実は、私はお抹茶茶碗というものを持っていません。大きめのお茶碗だったり、小丼だったり、はたまたカフェオレボウルだったり、もう完全なるフリースタイル。第一、お点前なんてものとは無関係ですから、いらしたお客様に「どうぞお好きなように」と、茶筅とお抹茶、お茶碗をお渡しして、自由に点てて飲んでいただきます。ずいぶんと乱暴な話ではありますが、これが意外に喜ばれています。きっと自分でお茶を点てる喜びや楽しさを見出してくださるのでしょう。もちろん、和室で正座しなくては、なんていう決まりもありません。テーブルで椅子に座ったままはもちろん、アウトドア用のバーナーを持って、山でも、川でも、公園ででも、私流野点を楽しむのです。

和緒流〝野点セット〟。火元と茶筅、茶碗、お抹茶さえあれば、緋毛氈なんてなくたって、いつでも野点は楽しめます。バーナーは、阪神大震災の年に挙式した知人の引き出物でいただいた、コールマンのもの。今では取り扱いがないそうですが、似たようなものはアウトドアグッズのお店で手に入ります。

お料理教室で「それぞれでお抹茶を点てて、お菓子を食べよう」と思い立ち、お抹茶茶碗を買いにいったら、「そういう使い方だったら、大きめのお茶碗や小丼、フリーカップで十分よ」とアドバイスされ納得。信楽のさがらで購入した佐藤源三郎さんの抹茶茶碗(右奥)以外は、すべてこうえつ庵で。

山登りをするようになってから、アウトドア用のバーナーを持って出かけ、野点をすることが私のお抹茶スタイルに加わりました。気持ちのいいそよ風を受けながら、外の空気の中でシャシャッと点てるお抹茶は、また格別のおいしさです。道具はワイルドでも、心は和のたおやかさを忘れずに。

抹茶のこと

考えてみれば、抹茶を飲むということは、茶葉をそのまま食べているようなもの。抹茶にはビタミンCやE、食物繊維が豊富に含まれているので、とても美容に効果的。ちなみに、抹茶の原料は、玉露と同じように、新芽の時期に樹に覆いをして日光を遮った日陰で育てられた、碾《てん》茶という高級茶葉。その若芽をていねいに摘んで蒸し、もまずに乾燥させて、石臼で挽いて粉にしたもの。こうして大切に作られているだけに、多少お高いのは致し方ないこと。

◎お湯を沸かし、茶筅の穂先をお湯でやわらかくしてから、抹茶を入れた茶碗にお湯を注ぎ入れ、お茶を点てる。お湯さえ用意できれば、あっという間の作業です。三浦繁久さんの器は私の最近のお気に入り。茶碗／こうえつ庵

18

1.5ℓサイズの魔法瓶

「なにしろお客様が多いので、たっぷり入る、その包容力が頼もしい」

自宅で撮影などの仕事がある日は、朝、まずお茶をいれることから作業が始まります。やかんにお湯をたっぷりと沸かし、カフェインなしの健康茶を煮出してポットに入れます。もちろん、それとは別に、コーヒーや紅茶をいれたり、中国茶やハーブティーを飲んだりと、お茶の時間を楽しみますが、それはそれ、これはこれ、なのです。プライベートはもちろんのこと、仕事のときは人数が多いので、たっぷりサイズのこのポットと、かごに入れた湯飲みをセットにしてテーブルに出しておき、それぞれに好きな湯飲みで好きなときに飲んでもらうようにしています。この頼もしい私の相棒は、その名も「ジュエルクローム魔法瓶」。湯沸かし機能や浄水機能がついた今どきのポットと違って、ひたすら保温のみに専念する、その潔さがたまらなくいいのです。シンプルでトラディショナルなこの子には、確かに〝ポット〟というよりは〝魔法瓶〟といったほうがしっくりくるかもしれませんね。この〝魔法瓶〟という言葉が、なんとも素敵だと思いませんか？　昔の人のネーミングって、本当にロマンティックでセンスがあるなあ、とつくづく思います。洋画の日本版タイトルだって、昔のほうが断然センスがよかったものね。

クマザサ、ハトムギ、クコなどが入った長野の「延命茶」がお気に入り。おなかにやさしい味わいは、起きぬけの一杯にふさわしい。

ジュエルクローム魔法瓶のこと

1914年にドイツ人、カール・ヴッツマンと妻ソフィ、そしてわずか10名の社員で設立されたアルフィ社は、ポットのトップメーカーとして名高いブランド。1918年に初期モデルが販売されたジュエルクロームシリーズは「ジュエル＝宝石」の名の通りの究極のシンプル・ビューティ。外見もさることながら、真空二重構造のガラス瓶がステンレス瓶に比べて軽いだけでなく、保温・保冷にもすぐれている。世界の一流ホテルも太鼓判を押した機能性とクオリティ、造形美を兼ね備えたグローバル・スタンダード。

◎55度で24時間、70度で10時間の保温効力はさすが。アルフィ社 ジュエルクローム魔法瓶（1.5ℓ） ￥24,990／私の部屋 自由が丘店
＊他にも1ℓサイズがある

日本茶
中国茶
珈琲
紅茶

お茶コレクション

鉄瓶でお湯を沸かすところから始まるお茶の時間は、ホッとひと息つけるリラックスタイム。お茶を飲む——日常の中での、なんでもないひとコマではありますが、忙しい毎日の中で、好きな土瓶と器を選び、お茶を決めて、お菓子を決めて……という作業自体が、とても楽しいものだと思います。ささやかだけれど、幸せなひととき。そんな私のお茶時間を彩るお茶たちをご紹介しましょう。

・柳桜園茶舗「柳 ほうじ茶」

「香悦」がよそゆきのほうじ茶だとするならば、こちらは普段着のほうじ茶。それでも、この香ばしさは格別です。さすがは明治８年創業の宇治茶の老舗。夏は冷やしていただくこともあります。¥1,050（400ｇ）

・柳桜園茶舗「かりがねほうじ茶 香悦」

「かりがね」は「雁が音」と雅な文字をあて、玉露をつくるときに除いた茎のこと。その名の通り、香りがよくてデリケートなほうじ茶は、鳥獣人物戯画のオリジナル茶筒もいいけれど、私は京都の開化堂の茶筒に詰め替えています。¥1,680（200ｇ）☎075-231-3693

・ライオン コーヒー「バニラマカダミア」

甘いバニラとクリーミーなマカダミアナッツの風味が広がるフレーバーコーヒーは、ちょっと気分を変えたいときに、たっぷりの牛乳と合わせて飲んでいます。購入するのは、もっぱら本場・ハワイです。

・神戸萩原コーヒー「マンデリン」

好きなコーヒーはいろいろありますが、今ハマっているのがこれ。深煎りなのでコクがあるのに軽い後味。この味を、長く味わうために、少しずつ小分けにして冷凍保存。通販のみ、という潔さもいい。¥2,625（500ｇ）／ボン・アロア ☎03-3422-8801
http://bon-aloi.com

・紅茶専門店
ディンブラ「ウバ」「ディンブラ」

このお店のオーナーでもある磯淵猛さんの本の解説を書かせていただいたことがきっかけで大ファンに。食通でもある磯淵さんのいろんな食べ物と紅茶の組み合わせにすっかりはまってしまいました。「ウバ」¥1,100（100ｇ）「ディンブラ」¥1,000（100ｇ）☎0466-26-4340

・マリナ・ド・ブルボン「マスカット」「洋なし」

夏になると、ちょっぴりお砂糖を混ぜたフルーツの紅茶を冷蔵庫に冷やしておきます。さわやかな香りが暑さを吹き飛ばしてくれます。「P-212マスカット」¥1,155（100ｇ）「P-217洋なし」¥1,155（100ｇ）☎03-3444-9720

・ぎぼし「昆布茶」

おいしい昆布茶がないなあ、と思っていたら、京都の昆布専門店で発見。粉ではなく、昆布を細かく刻んだ正真正銘の昆布茶です。急須でいれる正統派。￥735 ☎075-221-2824

・田村自然農園「だったんそば茶」

お湯を注いだ瞬間に、馥郁とした香りが幸せを運んできてくれます。がぶがぶ飲んでも飽きることなく、体の中が洗われているような気持ちになる、黄金色のお茶です。ちなみに美容と健康にいいルチンが通常のそばの100倍以上も含まれているとか。￥600（150ｇ）☎03-3365-1581

・煎茶「八女の里 蘭」

福岡県南部の矢部川と星野川の流域で生産される八女茶は、まろやかでコクがあり、香り豊か。九州の知人にいつも送っていただいています。￥840（100ｇ）／福寿園 ☎0774-86-2756

・「菊花」＋「普洱茶」

香港に住む友人が教えてくれた中国茶の飲み方です。普洱茶に菊花をブレンドすると、上品な味わいになります。陳年樟香普洱茶￥1,575（50ｇ）貢品菊花￥630（25ｇ）／遊茶 ☎03-5464-8088

・一保堂茶舗の日本茶

缶の美しさに見とれて、ついつい缶で買ってしまいます。京都のデザインはうっとりするものが本当に多いように思います。￥2,100（114ｇ缶箱入り）☎075-211-3421

・萬藤「桜花漬」

正しくは、お祝いの席で桜花漬にお湯を注いで桜湯にするものです。お湯の中ではらりとほどけ、花開いた八重桜は、色鮮やかで香りも豊か。この幸せをいろいろに楽しみたくて、おむすびやお汁粉に入れたりもします。￥315（40ｇ）☎03-3844-1220

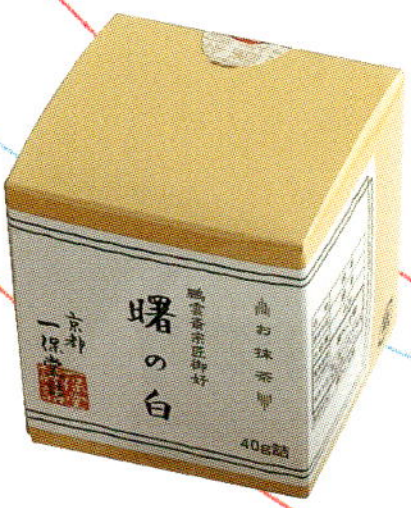

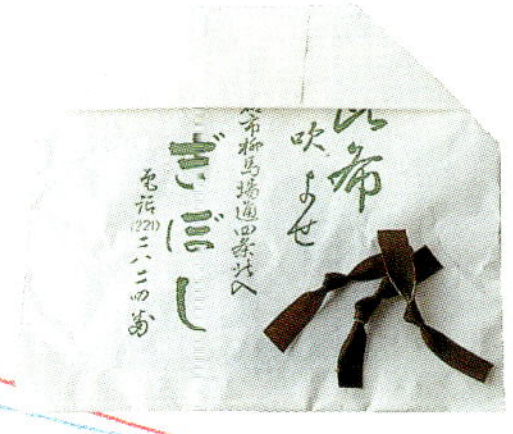

・遊茶「茉莉一点紅」

お湯を注ぐと、ジャスミン茶で作ったティーボールの中から、色鮮やかな「千日紅」の花が姿を現します。その様子には、思わずうっとりしてしまいます。￥1,260（5個）☎03-5464-8088

・一保堂茶舗「曙の白」

まったりとした甘みは、お抹茶独特のもの。一保堂のお抹茶の中でもお薄用です。和緒流で楽しむなら、これで十分だと思うのです。￥840（40ｇ箱入り）☎075-211-3421

・ぎぼし「結び昆布」

京都では、お正月に小梅と結び昆布を入れた「大福茶」というのを飲むのだそう。おめでたい感じが好きで、煎茶や玄米茶などに入れています。￥210（15個入り）☎075-221-2824

(54)

「買い物に、お出かけに、バッグとして一年中活躍しています」

私のかご人生は、籐のバスケットから始まりました。今ではボロボロで、ただのお道具入れになってしまったけれど、子どもの頃のお出かけといえば、籐のバスケットと相場は決まっていたものです。おそらく、私と同じ世代の方なら「そうそう」と思いあたる節がきっとあるに違いありません。籐のバスケットを持ってお出かけするときの、ルンルンとスキップしたくなるその感覚を、私は今でもはっきりと覚えています。懐かしいな、あの頃。そのせいか、私にとってのかごは、今でもバッグとしての位置づけが第一です。夏場だけにはとどまらず、春でも秋でも冬場でも、一年を通してかごで出かけています。ご近所へのお買い物はもちろん、ちょっとしたお集まりにも、着物を着たときも、かごを持って出かけていきます。かごのいいところは、まずなんといっても軽いこと。そしてかご独特のやさしさや風合い、そして手仕事ならではの温かみや味があるところも魅力です。そして、かごを持ったときの、あのウキウキした気持ちは、何物にもかえがたいものがあります。今となってはお出かけのみにとどまらず、気がつけば、家の中もかごだらけ。収納に、ごみ箱にと大活躍してくれています。

作家さん手づくりのあけびのかごは、よそゆき用。格子のように美しい網目と繊細な昔着物のハギレの組み合わせがとても印象的で、迷わず買ってしまいました。

これが記念すべき私のかご第一号。幼稚園の頃から愛用している籐のバスケットは、おばの形見で、今では物入れとして活躍する、まさに40年もの。思い入れもひとしおです。

かご

我が家のごみ箱はタイのかご。リビングのソファ脇に堂々と置いてあるのに、「ごみ箱どこ？」とよく聞かれるくらい、誰も気づかないのが、なんだか嬉しいような寂しいような。

家にはなぜだか鍋敷きがたくさんあります。それらはバスケットにまとめて全員集合。電子レンジの上において、いつでも取り出せるようにしています。

19

高くも低くもなるテーブル

「脚を組み替えるだけで高くなったり、低くなったり」

最初に気に入ったのは、テーブルではなく、実は椅子でした。夫と私は、ベンチシートタイプの椅子をずっと探しておりました。なぜなら、背もたれのある椅子は、それだけですごく存在感がある。大して広いわけでもない我が家には、この存在感は、そのまま圧迫感に変わってしまうと思ったのです。というわけでベンチシート、です。ある日、青山の骨董通りにある「駿河意匠」で、夫婦の意見が一致したベンチシートを見つけました。買うと決めたら調子のいい私たち。なんとついでに、これにぴったり合うテーブルまで欲しくなり、お店の人に早速相談。ベンチシートと脚がお揃いの、この「たか・ひくテーブル」を薦められたというわけです。ばってん脚を組み替えるだけで、高くなったり、低くなったり。ふふ〜ん、いいんじゃない。こんなふうにも、あんなふうにも使える、というのが好きな私は大満足。そうして我が家へやってきたこのテーブル、高くなったり、低くなったりするのはもちろん、私は和室にこのテーブルを持ち込んだりもします。脚が点ではなく線なので、畳への接着面が広く、畳への負担も大してかからない。テーブルを和室に入れるって、ちょっと勇気がいりますが、和室にはそれを受け止めてくれる懐の深さがあると思います。

和室にテーブルを入れるなんて、と思われる人もいるかもしれません。でも、狭い家でも広く快適に暮らすには、固定観念にとらわれない柔軟な頭がいちばん大事だと思います。ちなみに、このテーブルの天板と脚はイエローバーチという樺の木の一種ですが、今は楢材が基本だそう。サイズも長さ180㎝がベースですが、我が家は少し短めにオーダー。たか・ひく・むくテーブル、ばってんベンチ、ばってんスツール／駿河意匠　＊サイズや素材は好みでオーダーできる

駿河意匠のこと

青山の骨董通りにお店を開いて13年。「シンプルで気持ちのよい生活のための家具づくり」をモットーに、購入者と細かい打ち合わせをして、納得のいく家具を提供してくれるオーダー家具中心のお店。オリジナルデザインの基本形家具からサイズ、仕上げ、材料などを変更するハーフオーダーはもちろん、フルオーダーも受け付け。直線を駆使したシンプルで合理的なデザインには作為がなく、どこか長閑な雰囲気をも漂わせているのがいい。

20

和の香り

「香りを炷くことは空気を彩ること。とても素敵な習慣だと思います」

そういえば、実家はいつもお線香くさい家でした。朝晩、仏壇にお線香をあげるのが習慣でしたので、それは至極当然のこと。ですから、家の中に香りがある、というのは、夜になると灯りをつけるがごとく、ごく日常の営みだったのです。それでもときどき、いつものお線香の香りとはまた違った、とても心地よい香りがするときがあり、それはきっとお香を炷いていたのでしょう。そんなときは決まってお客様が見えたので、これは特別な香りなのだと、子ども心に思ったものです。そんなわけで、私の暮らしの中には香りがあって当たり前。ただし、「今日はお料理をたくさん食べよう」などというときは、食べ物の匂いを邪魔するような香りは禁物です。洗面所や玄関だけにするとか、部屋には茶香炉のような、お料理とも相性のいい香りを炷くなどの工夫をしています。そういえば、先日、囲炉裏のあるお宅にお邪魔したときのこと。鍋を囲んだ楽しい食事が終わると、家主がなにやら木のくずのようなものをパラパラと囲炉裏に撒き入れたのです。その途端、とても芳しい香りが立ち上りました。「こうして食後にお香を炷くと、食事の香りも消え、新たな気持ちで、新たな時間を始められます。さ、これからは食後のお茶ですよ」と。お香を炷くことは、その場の空気を変えること。とても素敵な香りの習慣だと思いました。囲炉裏はなくとも、私も早速まねしてみよう。とりあえずは火鉢ででも。

香炉でお香を炷くと、それだけで気分が違うもの。これは祖母の形見の香炉で、いつかは私のもとへと狙っていたのが、ようやくやってきました。でも使い方はコレでいいの？

グリーン系のお香が個人的には好き。お客様が見えるときは玄関へ、普段は部屋で、こうしてトレイにのせて「お香セット」にしておくと、そのまま移動できて便利です。

お香のみならず、アロマキャンドルを灯すことも。お線香の香りや、桜の花の香りなど、「西洋からみた東洋の香り」のような和モダンな感じの香りが馴染むようです。

和の香りのこと

海外における日本ブームで、和の香りが俄然注目を浴びている。日本には茶道、華道と並んで「香道」という伝統芸道がある。香道では、香りを「嗅ぐ」ではなく「聞く」というのだが、それこそ、まさに日本独特の美学。なんとも優雅な響きだこと。そんな香道の歴史は室町時代にまで遡り、まさに500年以上。いきなり芸の道にまでいかずとも、気軽に、気分転換に、おもてなしに、生活のアクセントに、和の香りを取り入れてみてはいかが？

◎京都で見つけた可愛いお香。「宵のとき」「萌のとき」「月のとき」など10種類の香りと季節ごとに変わる20種類のパッケージをお好みで組み合わせられるので、お土産にも最適。ときの香￥525～1,050／松榮堂 産寧坂店

21 ひょうたん

「そのひょうひょうとした風貌に、今、とにかくハマっています」

きっかけは、友人から台湾土産にいただいた、ひょうたんの茶漉しでした。ひょうたん――その言葉が持つ、なんともすっとんきょうでトボケた音の響き自体、呑気で長閑でゆったりとして、とっても大らかな感じがします。その上、そのひょうひょうとした、つかみどころのない風貌が、私の心を一瞬にして鷲づかみにしてしまったのです。以来、やたらにひょうたんものが目につくようになり、ちょうどそんなとき、長野で訪れた「ギャルリ・カフェ夏至」で、ひょうたん作家・佐藤孔怡さんの個展が開かれていたのですから、これはもう運命としかいいようがありません。お店の小さな部屋の中に、これまたさらに小さな部屋を作り、薄暗〜いその中に、愛らしいひょうたんたちが展示されている姿といったらもう。胸がしめつけられるくらいキュンとなって、この小さな部屋ごと全部持って帰りたい！　くらいの勢いでした。今ではひょうたん弁当を見ても、ついつい心が揺らいでしまうほど、私はすっかりひょうたん熱におかされてしまったのです。このひょうたん熱をなんとか流行させることはできないだろうか、と今は喧伝の真っ最中。でも、なかなか誰も反応してくれないのがちょっと寂しいのです。こんなにも愛らしいというのに……。

2羽の美しい鳥のような姿が、谷村志穂さんの小説『海猫』に登場する姉妹のイメージそのものだったので、志穂さんにプレゼント。赤く浮かび上がっているのは、ひょうたんの繊維。自然の力ってすごい。土台もコードもすべて手作り。益子の照明作家・佐藤孔怡さん作のひょうたん照明／ギャルリ・カフェ夏至

一見人形のようだけれど、実は笛。おなかがハートになっていることからピッコロをもじって「コッコロ」の名がついているのが可愛らしい。首から下げられるようになっている毛糸をくるくる巻いて座布団にすると、お行儀よくお座りする、その姿もなんともほのぼの。川村忠晴さん作「コッコロ」／ギャルリ灰月

〝ひょうたん熱〟のきっかけになった台湾土産の茶漉し。お茶好きの私としては、茶漉しはそれなりに揃えて持ってはいたものの、それらを差し置いても、登場回数ナンバーワンに躍り出るほどの贔屓ぶり。グッドルッキングもさることながら、実はものすごく使いやすい。どうやらお茶問屋さんのものらしい。

ひょうたんのこと

人類最初の栽培植物といわれるひょうたん。肝っ玉母さんを思わせる、どっしりと安定感のあるお尻。そんな末広がりの形をしたひょうたんは、古来からとても縁起のよいものとされ、除災招福のお守りや魔除けとして広く用いられてきた。3つ揃えば三拍(瓢)子揃って縁起がよい。6つ揃った「六瓢箪」は、無病（六瓢）息災のお守りになる、とされている。また、蔓が伸びて果実が鈴なりになる様子から、家運興隆・子孫繁栄のシンボルともいわれているとか。ちなみに、西太后の還暦を祝う満漢全席の料理にも、ひょうたんをかたどった見事なフカヒレの煮込みが登場した。いやはや、なんともめでたい。

◎ひょうたんって軽くて角がない。それってなんだか現代人への主張のような気もする。"ひょうたん族"を自認するアーティスト・川村忠晴さん作のひょうたんの小物入れ／ギャルリ灰月　＊自然のひょうたんを使っているので、同じものはふたつとない

手ぬぐい

「小さな頃から当たり前のように身の回りにあったものです」

亡くなった私の祖母は小唄のお教室をしておりましたので、名入りのオリジナル手ぬぐいを唄会や年始のご挨拶に配ったり、いただいたりと、物心ついたころから、手ぬぐいがいつも身の回りにありました。子どもの頃は、祖母が誂えた手ぬぐいの反物が仕上がってくると、切ってたたんで、のしをつけては、お小遣いをもらうという、私のアルバイトでもあったのです。祖母はこうした手ぬぐいをその名の通り、手を拭くのにはもちろん、顔を拭いたり、体を拭いたり、まさにタオルとして使っていました。一人暮らしを始めるときに、家にあった手ぬぐいをたくさんもらってきた私は、蒸し器の中に敷いたり、野菜や魚の水気を切ったりするときに使うのはもちろん、台所で使うにはもったいないようなきれいな絵柄のものは、ナプキンやおしぼりとしても使っています。絵のかわりにきれいに額装をして、壁に飾ったりしても素敵です。結婚して和食器を使うようになってからは、手ぬぐいを小さく切って、器の間にはさんでクッションがわりにしたり、収納棚の下敷きにもしています。あるときは主役に、あるときは脇役や黒子にもなる、変幻自在の手ぬぐいは、私の生活には欠かせないものです。

我が家の食器棚は、ご覧の通り、和食器がほとんどです。そんな戸棚の下敷きには、やっぱり和ものがしっくりきます。というわけで、ここでも手ぬぐい。一段ごとに柄を変えて。

手ぬぐいの端は切りっぱなしですから、おしぼりにするときは、端を三つ折りにしてきれいにまつってから使います。このひと手間が大事。季節ごとに絵柄を変えて楽しみます。

収納場所が狭いせいもあって、器はかなり重ねて収納しています。和食器によっては縁が欠けやすいものもあるので、大切なものは日本手ぬぐいを小さくカットして器と器の間に。

手ぬぐいのこと

木綿でできた「手ぬぐい」は、江戸時代中期以降、それまで使われていた晒麻布に代わって登場した。手拭きとしてはもちろん、被りものや入浴時のタオル、前掛けや日よけとして、また贈答品から玩具にいたるまでと、手ぬぐいの用途は実にさまざま。「代官山かまわぬ」でお馴染みの鎌と輪の絵に「ぬ」の字を合わせて「かまわぬ」と読む判じ絵は、歌舞伎役者の七代目市川団十郎（1791〜1859）が着物の柄にして舞台で使ったことで、当時の庶民の間で大流行したとか。

◎代官山にある手ぬぐい専門店「かまわぬ」は、江戸時代から伝わる小紋柄の他、現代的なオリジナルデザインも数多いので、行くと必ず何枚も買い込んでしまう。手ぬぐい￥630〜3,150／代官山かまわぬ

筆まめ

・唐長の葉書、便箋、封筒

筆ペンで手紙や葉書を書くようになってから、自然と和紙ものが増えてきました。なかでも京都の唐長さんの京唐紙は、文様が美しく、とてもお気に入り。1624年創業の唐長さんは、日本でただひとつの京唐紙専門店です。

・太字の筆ペン

筆が太いほうが文字の濃淡が出やすく、小さな文字も大きな文字も味わいよく上手に書けるので、筆ペンは太字用のものが好きです。文字は大胆に大きく書いたほうがよいと思っています。筆ぺん／ぺんてる

記念切手や旅行先で買い求めた、その土地ならではの切手をスタンプボックスにためておき、あの人にはこの切手、今の季節ならあの切手、などと考えるのもまた楽しいものです。切手も気持ちを伝える一部だと思います。

本当にしょっちゅう手紙を書くので、手紙回りのものをまとめて机の上に立てています。これは雑貨屋さんで見つけたディッシュスタンド。見やすく、取り出しやすいので、かなりこの収納が気に入っています。

「手紙は気持ちを伝えるためのもの。いつでもどこでも書いています」

私は日頃から筆まめでいたいと心がけています。お世話になった方へのお礼状はもちろん、友人にもよく葉書や手紙を書きます。結婚し、仕事もしている今となっては、学生時代のように気ままに友人たちと連絡を取り合ったり、会ったりすることがなかなかできないものです。そんなとき、葉書を一枚書いて、自分の近況や気持ちを伝えておくだけで、なんだかすっきりと気持ちが落ち着くのです。そんな一方的な内容ですので、返事がこなくてもまったく気にはなりません。ちょっと時間があいたときや、旅先などでも、いつでも手紙が書けるようにと、私は鞄の中に必ず筆ペンとノート型のポストカードを入れています。亡くなった祖母が、いつも携帯用の塗り物の筆入れに筆を入れて持ち歩いていたせいもあるのでしょう。家でも墨をすり、スラスラと筆を走らせていた祖母の姿は、それはそれは素敵なものでした。とはいえ、私が筆ペンで手紙を書いているのは、そんなにカッコのいいものではありません。私の場合は、ただ単に字に自信がないからなのです。筆文字は濃淡が自然に出るので絵のように味があり、下手な字もそれなりにサマになるから不思議です。筆ペンは、かなりおすすめですよ。

(65)

「愛着とは自分で育てていくもの。針仕事もそのひとつだと思います」

針仕事

子どもの頃の洋服は、ほとんどが母の手づくりでした。今ほど子供服が豊富になかった時代ということもあるでしょうが、母は針仕事がとにかく大好きで、作りたくてしょうがなかったという感じです。年子の弟とまるで双子のようにお揃いの生地で洋服を誂えてくれた母。仮縫いのとき、まだ作りかけの洋服をあてられるのが、すごくドキドキして嬉しかったことを今でもよく覚えています。そんな母の影響でしょうか、子どもの頃から私もとにかく針仕事が好き。一人暮らしのときからずっとミシンを持ち続けていて、以前は夫のレーシングスーツにワッペンをつけたり、巾着袋を作ったり、風呂敷を縫ったり、エプロンを作ったりと、いろいろマメに針仕事をしたものです。最近は、もっぱら白いTシャツのワンポイントに可愛いボタンをつけたり、エプロンに刺繍をしたり、ブラウスのボタンを好きな貝ボタンに付け替えたりと、買ってきたものに、ちょっとしたマイテイストを加えて楽しんでいます。自分だけのオリジナルを作るというワクワク感もありますが、こうしてひと手間かけることで、モノに対する愛着がより強く湧くように思います。愛着とは自分で育てていくもの。モノを大切にする気持ちも、こんなところから自然に生まれてくるように思うのです。

「土曜日はスヌーピーバッグの日」。小学生の頃は週末の通学バッグとして活躍していたグローブ・トロッターもどき（笑）。いつの間にか裁縫道具入れになり、現在に至りますが、物持ちがいいのもここまで。大人の裁縫道具入れが見つかったので、ようやくお役御免。

私は毎年らっきょうを漬けています。たっぷり漬けたらっきょうを、友人たちに「お福分け」ならぬおすそ分けをするときに、このらっきょうの刺繍入りナプキンで、包んで渡します。

旅先で見つけた竹製のかごに、裁縫道具をお引っ越し。これでようやく念願の「大人の裁縫箱」が完成しました。「ひだ」だなんて、平仮名の名前入り30年選手（！）のまち針もありますが、糸切りバサミは大人になってから求めた有次。裁縫箱の中にも年月を感じます。

・テンピュールの布団と枕

いつも通っているマッサージ屋さんの枕があまりに心地よく、それが「テンピュール」と聞いて、すぐに夫の分と２つ購入しました。テンピュールは、福祉の国、スウェーデンで生まれたブランドです。ぴったり体にフィットして、体をやさしくサポートしてくれる枕とマットレスの実力は、NASAも太鼓判を押したほど。体圧と体温で変化して、頭から首にかけてぴったりフィットするので、驚くほどぐっすり眠れます。そこで、布団派の我が家は、敷布団も早速テンピュールに衣替え。ちなみに私はスリッパも愛用しています。テンピュール敷布団￥81,900～92,400、テンピュールミレニアムピローＸＳ￥13,440～QueenL￥19,950／テンピュール・ジャパン

快眠生活

「人生の3分の1は眠っています。睡眠環境にはこだわりたいもの」

暮らしの中のことに、きちんと向き合うようになったのは、実は30歳を過ぎた頃からでした。それまでは、気持ちが外へ外へと向かういっぽう。身ぎれいにして、出かけていくことにあまりに忙しすぎて、家の中のことなんて見向きもしない。今思うと、本当に悪い主婦だったな、と思います(笑)。朝起きて、窓を開ける——そんな気持ちのいいことに気づいたのも、ようやく30歳を過ぎたころ。そうなのです。あるとき、私はハタと気づいたのです。「このまま40歳を迎えちゃったらマズイんじゃないか」。私はそう思い立ち、まずはきちんと寝間着を着て寝て、起きたら洋服に着替える、という、ものすごく基本的なことから始めました。恥ずかしい話ではありますが、以前はジャージで寝て起きて、そのままダラダラしていたのです。けれど、寝間着を着るようになってから、本当によく眠れるようになり、おかげで生活もシャンとしてメリハリができてきました。眠りを制するものは、暮らしをも制するのです。考えてみれば人生の3分の1は眠っているのですから、起きている時間と同じ、いえそれ以上に睡眠環境を整えることの重要性をひしひしと感じます。肌に心地いい寝間着を着る、自分の首にフィットした枕を選ぶ、体にやさしい布団で寝る、パリッとアイロンのかかったシーツにくるまれる。当たり前のことのようでいて、実は意外に忘れていたことです。

麻でできた豚のピローは、料理教室の生徒さんからのいただきもの。可愛らしさはもちろんですが、機能性にもすぐれています。おなかの中の枕を取り出して、冬は電子レンジでチンして肩にのせるだけで温かく、夏は冷凍庫で冷やして首にあてるとクーラーいらず。

・天然素材のパジャマ

麻やシルクなど、夏は涼しく、冬はあったかな、肌にやさしい天然素材の寝間着を選びます。寝相があまりよろしくないので、パンツがセットのパジャマが好きです。リネンのパジャマ(ライトグレー)¥21,000／カトリーヌ・メミ 青山店

旅のお供に

「旅は日常の延長上にあるもの。だからこそ、旅のお供も吟味して選びたい」

長年、丈夫で長持ち、そして汚れがひとつも気にならない、ルイ・ヴィトンのボストンバッグを愛用していました。けれど、30代になってからというもの、その頑丈さゆえの鞄自体の重みに、私のほうがそろそろ耐えられなくなってきたのです。年を重ねるとはそういうことです。こと旅行鞄に関しては、ルイ・ヴィトンはポーターさんあってのもの。自分で荷物を運んで移動する健気な私の身の丈にはどうにも合わない。というわけで、かわって私の旅の相棒となったのが、グローブ・トロッターのトロリーケースです。トロッターちゃんは紙でできているので軽いことこの上なし。その上頑丈で、あの愛らしい姿でコロコロと私についてくる。なんていとおしい！　この子のおかげで私の旅がどれだけ快適になったことか。そしてさらに、私の旅には欠かせない「旅のお供3点セット」というのがあります。それは、風呂敷、アクセサリーケース、そしてショールです。この3つのアイテムは、旅のカタチを問わず、いつも私の旅行鞄の中に収まっています。風呂敷は荷造りをするのにとても便利だし、夜のドレスアップにアクセサリーは必須です。そしてショールはファッションアイテムとしてはもちろんのこと、ホテルやレストランなどでの室内の温度調節には欠かせないもの。旅先でも普段と変わることなく心地よく過ごしたいと思っている私にとって、旅行鞄の中身は、自分の日常を詰め込むようなものだと思っています。

・くのやのジュエリーポーチ

1837年創業の老舗、銀座の和装小物店「くのや」で見つけたジュエリーケースは、女性の職人さんが古布を使ってひとつひとつ丹念に手作りしたもの。古布のよさは、その色柄の美しさはもちろん、時代を経てきたもの独特の温もり。ジュエリーポーチ￥7,140〜8,400／銀座くのや　＊古布を使っているため同じ色柄のものはなく、値段はサイズにより異なる

・風呂敷

洋服や下着などを小分けにしたり、帰りに増えた荷物を包んで持って帰ってきたり、寒いときにはひざ掛けにしたりもします。単なる四角い布なのに、くるくるっと包んで、ひゅっと結ぶだけで、小さな袋にも鞄にもなる。風呂敷って変幻自在で本当にエライなって思います。

・グローブ・トロッターのトロリーケース

1897年創業の「グローブ・トロッター」は英国でもっとも有名なトラベルケース・ブランドです。当時の流行語「グローブ・トロッター＝世界を闊歩する人」から名づけられたこの鞄は、ヴァルカン・ファイバーと呼ばれる特殊素材を使ってハンドメイドで作られていて、最大の特徴は軽さと頑強さ。英国王室御用達としても知られています。ちなみに、筆箱でお馴染み「象がのっても壊れない」は、実はグローブ・トロッターが1912年にCMで既に使用していたというから、こちらが元祖です。21インチ　トロリーケース（高54×幅39×マチ17㎝／3.8kg／オレンジ）￥71,400／グローブ・トロッター ジャパン　＊色、サイズなどは他にもある

・ダイヤモンドのピアスとトォリング

仕事がら、首や手にアクセサリーをつけることは少ないので、普段ダイヤモンドをつけるのは、耳たぶと足の指と決めています。ピアス／クリスティーナ。トォリングはその名の通り、足指輪のこと。ずっとシルバーやビーズのものをしていましたが、40歳を前に、大人のトォリングを、とハワイのアラモアナショッピングセンターで購入しました。

ダイヤモンド好き

「ダイヤ大好き！ 私はそんなギラギラした部分も持っています」

「40歳になったら、ピアスをあけたい！」。何を思ったのか、あるとき夫がいきなりそんなことを言い出したのです。「だったら私も一緒に！」と、すぐさま相乗り。大の大人がふたり揃って病院へ行き、「せーの！」でめでたくピアス・デビューをしたのです。10代の頃、ピアスへの憧れはあったものの、体に穴をあけることに抵抗を感じていたので、そのままになっていたのですが、何事にもそのときの勢いっていうのはあるものですね。あっという間に3つのピアスが私の耳につきました。そんな私のファースト・ピアスはダイヤモンド。宝石の中ではやっぱりダイヤモンドが好きです。楚々と寄り添い、でも強い主張がある。石に力を感じるのです。色のない透明な石が、私の肌には合っている、と勝手に思い込んでいるところもありますね。最初は小さなもののほうが可愛い、などと殊勝なことを思っていたのですが、年を重ねるにつれて、物足りなくなってきて、「大きな石のほうが宿るパワーも大きいに違いない」と、自分に言い聞かせたりもして。「ある程度の大きさがあったほうがリフォームもしやすく、ずっと長く楽しめるし、たくさん持っているよりも、いいものをひとつ持っているほうが満足感もあるし、かっこいい」と、クリスティーナのオーナー・神田いく子さんはいいます。私は彼女の大ファン。私に大人の宝石の選び方を教えてくれた人です。大きな仕事をしたらいく子さんに会いにいき、自分へのご褒美を買うのが私の中でのある種の決まりごと。彼女に出会えたのも、あのときの夫の決意のおかげかな。夫には感謝しているけれど、歓迎されてはいないかもしれません。

・コム・デ・ギャルソンのタートル

首元がすっと見えるので、タートルネックが好き。私の中では、気持ちはいつもオードリー・ヘップバーン。ベーシックな形だからこそ、素材にはこだわって、カシミアを選びます。コム・デ・ギャルソンのものは、「毎日着たい！」くらいに肌ざわりが抜群で、とてもあったか。毛玉ができないところもお気に入り。最初の一枚は志穂さんからのプレゼント。

(73)

猫マニア

私は猫が大好き。猫モノとあらば、ついつい買ってしまうのですが、猫だったら何でもいい、というわけではありません。私の好きな猫ライン、というのがあってそれを言葉で説明するのは難しいのですけれど、そうした猫だと、買わずにはいられない。でも最近、我が家にちょくちょくやってくる黒猫ちゃんがいます。この子が出入りするようになってからは、本物で満足しているせいか、猫グッズ買いも一段落。

・猫ノート

京都の恵文社で見つけたイタリアの版画家、マリア・エクサ・レボローニさんの猫ノート。猫の表情が甘々じゃないのがいい。恵文社一乗寺店☎075-711-5919

・猫の本

猫本は見つけたら、だいたい買います。『ミーのいない朝』（河出文庫）は、20回以上読んでいるけれど、そのたびに号泣。『私の猫のアルバム絵本』（学習研究社）は、私の好きなタイプの猫だったから。

・ニューヨークの猫

10年くらい前、ニューヨークから我が家へやってきた黒猫。とぼけた表情はもちろん、アンティークの布で作ったというお召し物が、これまた味があって素敵。

・猫のドローイング集

京都の恵文社で「うちの猫マグの絵本！」と即買ってしまいました。この猫、よく見ると「h」を模した見返り美人だったのね。フランスのイラストレーターDuboutさんのもの。

・猫型パンチ

イラストレーターの吉沢深雪さんからいただいた猫の型抜き。封筒や便箋の角をパチンパチンと抜いて楽しませてもらっています。カール　クラフトパンチ（キャット）￥525／銀座・伊東屋☎03-3561-8311

・猫のお小皿

日だまりのなか、座布団の上で気持ちよさそうに居眠りをしている猫。昔、縁側に、こんな猫いたよな〜。猫のまん丸なお尻が気に入ってます。猫って後ろ姿も可愛いのです。

・猫ナプキン

使うのがもったいないくらい可愛いドイツ製の紙ナプキン。近所のスーパーで見つけてまとめ買い。子供の手にもちょうどいい小さいサイズが気に入っています。

・猫マグ

パリではアパルトマンを借りて滞在するので、まず最初にマグを買うことにしています。一昨年のマグがコレ。お尻の穴を描くところがエスプリなのか!?

・猫傘

全面猫プリントの大胆な折りたたみ傘はオーストラリアで寂しい気分になったときに買ったもの。お客様への貸し傘用で、実際に差したこと？　う〜ん、ありません。

・招き猫

友人からいただいた、なんとも高貴なご尊顔の招き猫。この子がやってきてから、ほんとうに我が家に福がやってきました。夫も私もかなり頼っています。

・デメルの「ソリッドチョコ」

デメルはウイーン王室御用達洋菓子店。猫の舌のように薄くて細長いチョコなので、向こうでも「猫の舌」と言うそうですが、私は「猫ベロ」と呼んでいます。¥1,575（120g）デメル原宿クエスト店☎03-3478-1251

・猫ブローチ

まるで子どもの図工作品のような猫ブローチは、パリのハンドメイドもの。ルビーのようなガラス玉の赤い猫目と、びょ〜んと伸びた尻尾にノックアウトされました。

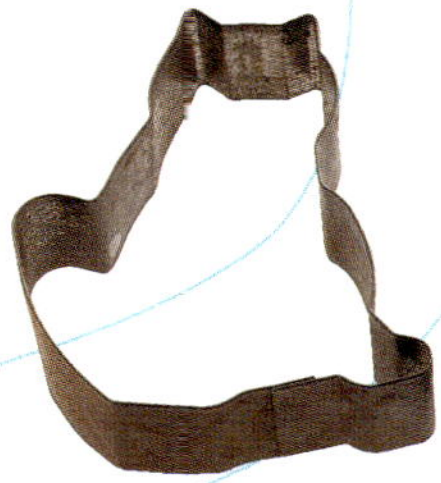

・猫のクッキー型

あまりお菓子を作ることはないけれど、このぽってりとしたフォルムが私の猫ラインとばっちり合致。実用というよりはほとんどコレクションです。

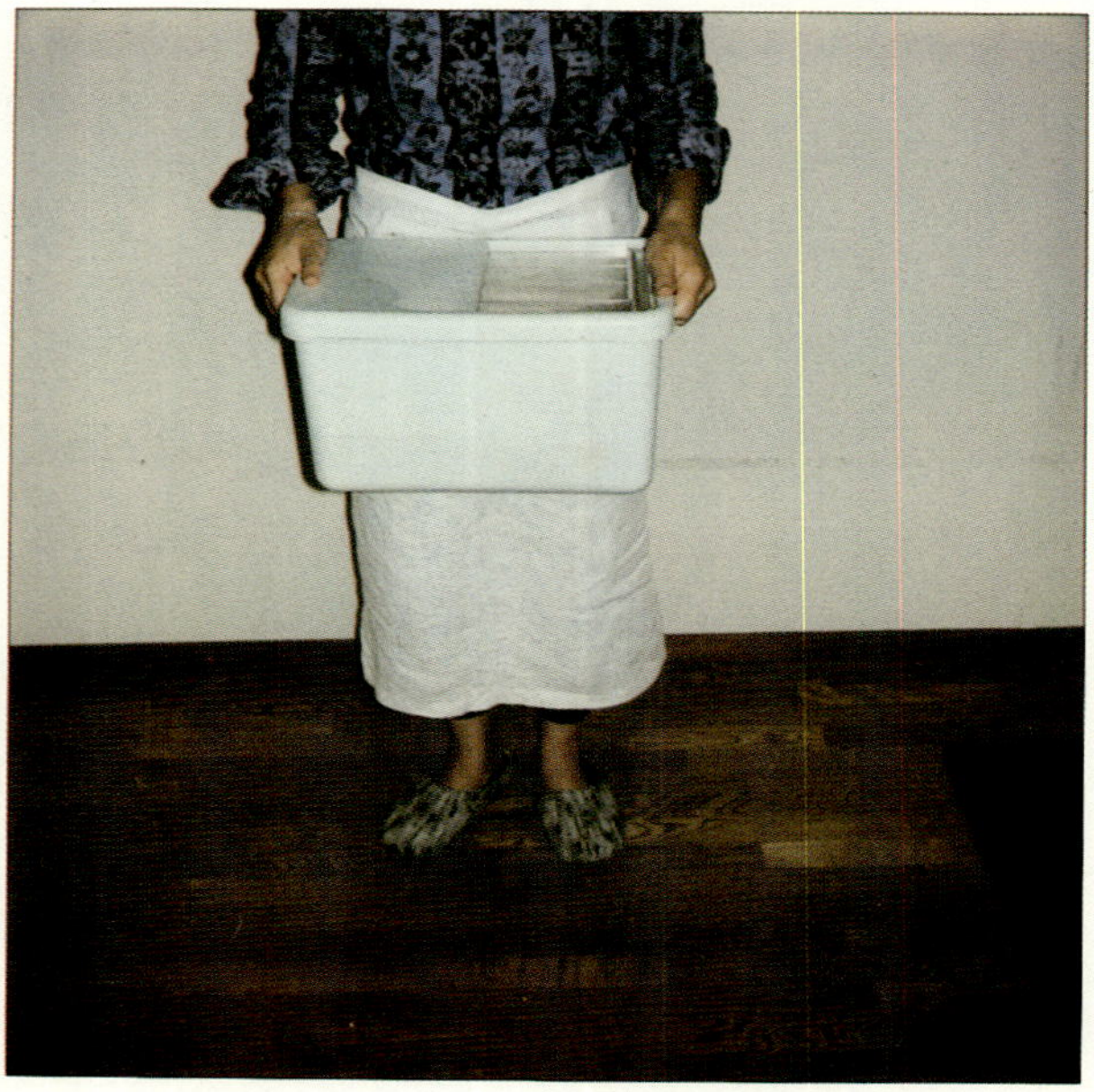

おしまいに

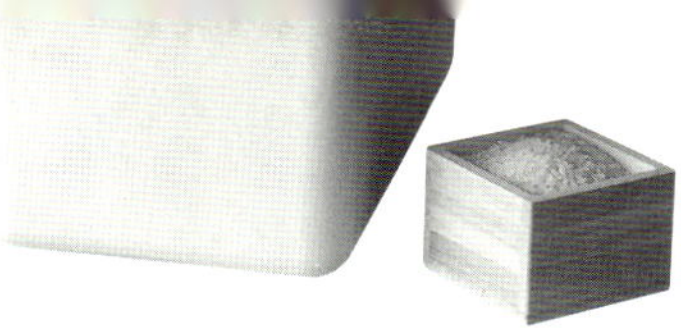

かなり長いつきあいの米びつがあります。一人暮らしを始めたときに買ったプラスティックのもの。蓋にスライド式の扉がついていて、そこからお米を取り出すようになっています。10kg入り。それを持ってお嫁にも行きました。

ずっとずっと気になっていました。考えもせずに買ってしまったから。プラスティックなので、とてもホコリを吸います。拭いても拭いてもすぐにまわりが薄黒くなる。質感も色合いも本当は好きじゃない。でも、なぜここまで一緒にいたかというと、他に頃合のよいものに巡り合っていないのです。そしてなぜか引っ越すたびに、この米びつがちょうどよく台所のどこかに収納されることも大きな理由かもしれません。そうなると、なかなか手放せないものですね。

おうちの中を見回すと、案外そんなモノだらけかもしれません。すべてに満足しているわけではないけれど、それらのつたないものがあってこそ、これからの時間が生きてくる。お楽しみはまだまだ先にたくさんあるように思うのです。

飛田和緒

お店案内

この本で紹介した商品は、すべて飛田和緒さんの私物です。すべての商品が現在も手に入るとは限りません。特に、器に関しては、一点ものの場合も多いので、商品の在庫や取り扱いに関しては、事前に電話などで必ず（！）問い合わせをしてください。

ギャルリ・カフェ夏至
P34-35、36-37、44、60
長野県長野市上松3-3-11
☎026-237-7239
長野県長野市大門町54　ぱてぃお大門2階
☎026-237-2367
http://www9.ocn.ne.jp/~geshi/

ギャルリ灰月
P31、32-33、34-35、44、60、61
長野県松本市中央2-2-6 高美書店2階
☎0263-38-0022
http://www.galerie-kaigetsu.com

銀座くのや
P70
東京都中央区銀座6-9-8
☎03-3571-2546

雲井窯
P06-07
滋賀県甲賀郡信楽町黄瀬2808-149
☎0748-83-1300
http://www.kumoi.jp/

グランシェフ
P06、11、12、18、19、28
東京都目黒区自由が丘2-18-15
☎03-3724-8989
http://www.grandchef.co.jp/

グローブ・トロッター ジャパン
P70-71
東京都港区南青山5-12-2
☎03-5464-5248
http://www.globe-trotterltd.com

クリスティーナ
P72
東京都港区北青山1-4-1
ランジェ青山609、612（要電話予約）
☎03-3402-8628

こうえつ庵
P39、40-41、42-43、45、47、48-49
東京都大田区上池台2-30-6
☎03-3726-3205
神奈川県横浜市中区柏葉109-3
☎045-651-3385

ござく・森九商店
P24
岩手県盛岡市紺屋町1-31
☎019-622-7129

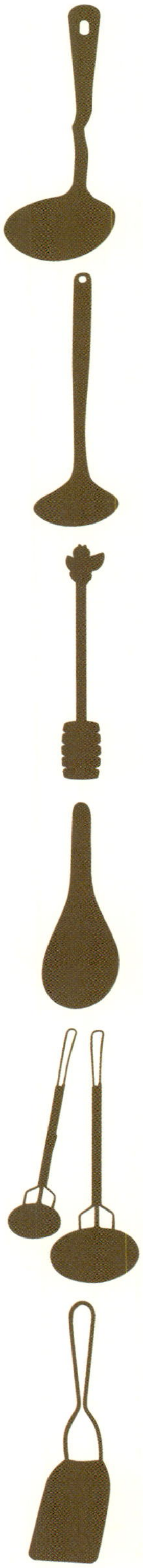

麻小路
P26
京都府京都市中京区御池通堀川西入猪熊角
☎075-841-5000
http://www.asakoji.com

有次
P10、17、18、28、67
京都府京都市中京区錦小路通御幸町西入ル
☎075-221-1091
http://www.aritsugu.com

市原平兵衛商店
P30-31
京都府京都市下京区堺町通り四条下ル
☎075-341-3831

鍛金工房 WEST SIDE33
P10
京都府京都市東山区大和大路通り七条下ル
七軒町578
☎075-561-5294

カトリーヌ・メミ 青山店
P26、69
東京都港区南青山5-3-22
ユニマット ブルーサンクポイント
☎03-5468-5625
http://www.cassina-ixc.jp

亀の子束子西尾商店
P25
東京都北区滝野川6-14-8
☎03-3916-3231
http://www.kamenoko-tawashi.co.jp/

唐長
P64
京都府京都市左京区修学院水川原町36-9
☎075-721-4422
http://www.karacho.co.jp

木屋 玉川店
P16
東京都世田谷区玉川3-17-1
玉川高島屋S・C南館4階
☎03-3707-2776
http://www.kiya-hamono.co.jp

キャトル・セゾン・トキオ
P27
東京都目黒区自由が丘2-9-3
☎03-3725-8590
http://www.quatresaisons.co.jp/

日本アルミ 生活用品事業部
P08–09
大阪府大阪市淀川区三国本町3–9–39
☎06–6394–6200
http://www.nal.co.jp

野田琺瑯
P13
東京都江東区北砂3–22–22
☎03–3640–5511
http://www.nodahoro.com

花田
P43
東京都千代田区九段南2–2–5 九段ビル
☎03–3262–0669
http://www.utsuwa-hanada.jp/

FIBER ART STUDIO
P26
東京都渋谷区恵比寿西1–26–13
☎03–3780–5237
http://www.fa-s.com

ぺんてる
P64
東京都中央区日本橋小網町7–2
📞0120–12–8133
http://www.pentel.co.jp

マスピオンジャパン
P12
東京都中央区築地6–6–4
笠原ビル5階
☎03–6226–5961

松葉屋家具店
P34–35、39
長野県長野市大門町45
☎026–232–2346

YOSHIKIN
P16
東京都港区六本木5–17–1 AXISビル2階
☎03–3568–2336
http://www.yoshikin.co.jp

私の部屋 自由が丘店
P28、50–51
東京都目黒区自由が丘2–9–4 吉田ビル1階
☎03–3724–8021
http://www.watashinoheya.co.jp

さがら
P48
滋賀県甲賀郡信楽町大字長野513
☎0748–82–1004

松榮堂 産寧坂店
P59
京都府京都市東山区清水3丁目334 青龍苑内
☎075–532–5590
http://www.shoyeido.co.jp

駿河意匠
P56–57
東京都港区南青山5–16–3 メゾン青南1階
☎03–5485–0581
http://www.suruga-isho.com

そうび木のアトリエ
P21
埼玉県川越市元町2–1–1
☎049–223–0258
http://www.kawagoe.com/soubi/

代官山かまわぬ
P63
東京都渋谷区猿楽町23–1
☎03–3780–0182
http://www.kamawanu.co.jp

辻和金網
P21
京都府京都市中京区堺町通二条上ル
☎075–231–7368

テンピュール・ジャパン
P68
兵庫県神戸市中央区生田町1–4–1
📞0120–17–1941
http://www.tempur-japan.co.jp

桃居
P46–47
東京都港区西麻布2–25–13
☎03–3797–4494
http://www.toukyo.com/

陶片木
P06、14–15、19、20–21、29、31、35
長野県松本市中央3–5–10 中町通り
☎0263–32–0646

内藤商店
P24–25
京都府京都市中京区三条大橋西詰
☎075–221–3018

飛田和緒（ひだ・かずを）
Kazuo　Hida

1964年東京生まれ。バレリーナ、OLなどを経て、現在は料理家として雑誌、テレビなどで活躍中。いよいよ40歳を迎えるにあたり、そろそろ暮らし回りのものも揃ってきたな〜、といったところで、今回の「10年もの」の出版と相成った。着物好きの楚々としたイメージがある一方で、実はアニエスb.好きかと思えば、コスチュームナショナルやダイヤモンドも好きな、ちょっとギラギラとした一面も魅力。著書に『おいしい料理は器ではじまる』（講談社）、『いつものおむすび100』（幻冬舎）などがある。
飛田さんのホームページ http://www.okazu-web.com

撮影：小泉佳春
Yoshiharu　Koizumi
デザイン：松平敏之
Toshiyuki　Matsudaira
協力：久保原恵理
Eri　Kubohara
編集・取材：和田紀子
Noriko　Wada
編集担当：尾崎泰則
Yasunori　Ozaki
進行：五嶋美智子 Michiko　Goto
校閲：滄流社 Soryusha

飛田和緒の10年もの
著者：飛田和緒
発行者：黒川裕二
発行所：株式会社 主婦と生活社
〒104-8357　東京都中央区京橋3-5-7
編集部　☎03-3563-5128
販売部　☎03-3563-5121
振　替　00100-0-36364
印刷所　大日本印刷株式会社
製本所　小泉製本株式会社

ISBN4-391-12885-3 C0077